应用型普通高等院校
艺术及艺术设计类
规划教材

产品设计程序与方法

主　编　张艳平　付治国
副主编　张晓利
参　编　张威媛　张小茜

北京理工大学出版社
BEIJING INSTITUTE OF TECHNOLOGY PRESS

内容提要

本书从产品设计的基本内涵出发，主要介绍了产品设计的一般设计程序和设计方法。全书共分为5章，分别为产品设计概论、产品设计的程序与方法、UFD产品设计思想与方法、产品设计的现状与发展趋势、优秀产品设计案例赏析。

本书注重理论与实践相结合，可作为高等院校工业设计专业本科生的教学用书，也可作为企业中从事产品研发的技术人员和管理工作者的参考资料。

图书在版编目（CIP）数据

产品设计程序与方法 / 张艳平，付治国主编．—北京：北京理工大学出版社，2018.10（2024.3重印）

ISBN 978-7-5682-6388-7

Ⅰ.①产…　Ⅱ.①张…②付…　Ⅲ.①产品设计　Ⅳ.①TB472

中国版本图书馆CIP数据核字（2018）第222000号

出版发行 / 北京理工大学出版社有限责任公司
社　　址 / 北京市海淀区中关村南大街5号
邮　　编 / 100081
电　　话 /（010）68914775（总编室）
（010）82562903（教材售后服务热线）
（010）68948351（其他图书服务热线）
网　　址 / http：//www.bitpress.com.cn
经　　销 / 全国各地新华书店
印　　刷 / 河北鑫彩博图印刷有限公司
开　　本 / 787毫米×1092毫米　1/16
印　　张 / 9
字　　数 / 233千字
版　　次 / 2018年10月第1版　2024年3月第3次印刷
定　　价 / 49.00元

责任编辑 / 张鑫星
文案编辑 / 赵　轩
责任校对 / 周瑞红
责任印制 / 李志强

前言 PREFACE

在工业设计课程体系中，产品设计程序与方法是学生开始学习设计课程后第一次入门训练，也是一门核心课程，在工业设计专业的培养体系中占有十分重要的地位。

本书旨在让学生明确各种相关设计要素和原则在整个程序中的地位与作用，引导学生认识和了解产品设计的内涵，启发学生以设计者的眼光观察事物，从而具备发现问题、分析问题、解决问题的能力和独立设计能力，为后续专业课程的学习奠定一个良好的设计基础。

本书第一章由天津科技大学张威媛老师编写、第二章由辽宁工程技术大学张艳平老师编写、第三章由辽宁工程技术大学付治国老师编写、第四章由黄山学院张晓利老师编写；第五章由攀枝花学院张小茜老师编写。全书由张艳平老师统稿。本书在编写过程中，为了保证书稿的专业性，引用了一些设计师和部分网络的图片与文字资料，由于各种原因，没能及时联系到相应的作者，万望海涵。同时也引用了辽宁工程技术大学2007级汤楚楚，2010级崔伟，2012级付雅娟、黄琳琳、于洋，2013级刘梦露、丁诗瑶，2014级王童童、张金鹏、刘美辰、琚明海、毛秀菁、李晶、葛畅、孙靓，2015级张海青、李常奇等同学的部分作品，以及攀枝花学院艺术学院部分同学的作品，在此一并表示感谢。

由于编者水平有限，书中的不足之处在所难免，恳请读者和同行给予批评指正，更希望使用本书的老师和同学以及相关专业人士，能把好的建议和想法反馈给编者，以便在教学中及时纠正，将最新的专业设计理念及时传达给学生。

编　者

目录 CONTENTS

CHAPTER ONE

第一章 产品设计概论

21 世纪以来，随着科学技术和生产工艺的飞速发展，以及人们生活水平的显著提高和对高品质生活的不断追求，各类新产品层出不穷，老产品不断更新。随之而来的，产品结构也在不断地调整，产品设计发展迅猛，其重要性和地位不断凸显，并以前所未有的态势影响着人们的生产和生活。同时，计算机技术、互联网技术、虚拟仿真技术、逆向工程技术等现代技术，以及文化、心理、情感等对产品设计的影响日趋增大，使产品设计又呈现出新的时代特征。

第一节 产品设计的定义及相关概念

一、产品设计的定义

产品是人类生产制造的物质财富，它是由一定物质材料以一定结构形式结合而成的具有相应功能的客观实体，是人造物而非自然而成的物质，也不是抽象的精神产品。产品凝聚了材料、技术、生产、管理、需求、消费、审美及社会经济文化等各方面的因素，是特定时代、特定地域的科学技术水平、生活方式、审美情趣等信息的载体。正确理解产品的内涵，有助于人们把握产品设计的实质。

产品设计既不是机械传动设计、电气产品的电子线路设计等工程设计，也不是仅对产品的外形进行美化装饰，而是对产品的造型、结构和功能等方面进行综合性的设计，以便生产制造出符合人们需要的实用、经济、美观的产品。从广义上讲，产品设计可以包括人类所有的造物活动。通常，习惯上将大型建筑、城市基础设施、水利工程等规模巨大的人造物的设计称为环境设计，而将用预制件装配生产而成的建筑物仍划入产品设计的范畴。总之，产品设计能解决产品系统中人与物之间的关系问题，如产品的造型问题、操作的舒适性问题以及色彩的匹配性问题等。

二、人机工程学

人机工程学是以人的生理和心理特点作为研究的对象和依据，系统地分析和研究人、机、环境三者之间的相互作用和关系，为设计安全、舒适、高效、便利的产品提供最佳的理论指导和方法的科学。人机工程学是为解决“人—机—环境”系统中人的效能、健康问题提供理论与方法的科学，其核心和本质是人性化、以人为本。

人机工程学有机地融合了各相关学科的理论，并逐渐完善了自身的基本概念、理论体系、研究方法以及技术标准和规范，从而形成了一门综合性的边缘学科。因此，其拥有学科命名多样化、学科定义不统一、学科边界模糊、学科内容综合性强、学科应用范围广泛等特点。其研究的方法包括观察法、实测法、实验法、模拟和模型实验法、计算机数值仿真法、分析法、调查研究法等。人机工程学的研究方法也同样适用于其他的设计。

人机工程学研究的目的和任务是把各学科知识融入产品设计中，获得操作便利、效率高、安全、健康、舒适的产品，使企业获得最佳经济效益和社会效益。

三、设计管理

一个产品是否成功，其最根本的原因在于设计本身的好坏，而设计管理在其中起到了至关重要的作用。因为，即使两个企业拥有同样的技术力量和设备，管理跟不上去的那个企业，其产量也上不去。因此，设计管理的好坏决定了企业的经济效益和市场竞争力。

1. 设计管理的定义

关于设计管理的定义众说纷纭，综合来说，设计管理是指界定设计问题与目标，寻找合适的设计师，整合、协调或沟通设计所需的资源，运用计划、组织、监督及控制等管理手段，寻求最合适的解决方法，并通过对设计战略、策略与设计活动的管理，在既定的预算内及时有效地解决问题，实现预定目标。

2. 设计管理的功能

具体来说，设计管理具备如下功能，如图 1-1 所示。

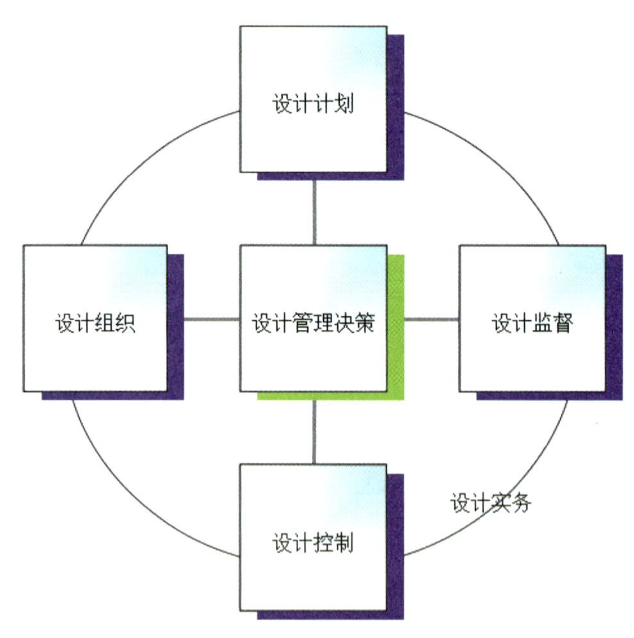

图 1-1　设计管理的功能

首先，设计管理可令组织行为满足公司哲学或管理战略，这能使公司与设计融洽。

其次，设计管理能体现公司的形象，并能通过设计提高竞争力。

最后，设计管理能激发并监督整个设计活动。

3. 设计管理的范围和内容

在具体的管理活动中，受企业组织层级结构、特征及设计组织的规模大小等因素影响，不同层次的管理者的管理范围与内容是不同的。一般情况下，企业的高层领导或决策者，主要职责是制定企业设计政策及推动设计组织运作所需要的支持等方面的工作。而作为设计经理或设计部门的负责人，其主要职责是达到某个市场目标或完成某项设计项目所展开的各项工作。有时，因企业规模的大小不同，两者之间的管理范围并不十分明确。

4. 设计管理的过程

设计管理主要有四个过程，即计划设计、组织设计、监督设计和控制设计，如图 1-2 所示。在高水平的设计管理中，计划是设计的关键；而在低水平的设计管理中，监督和控制才是最重要的。

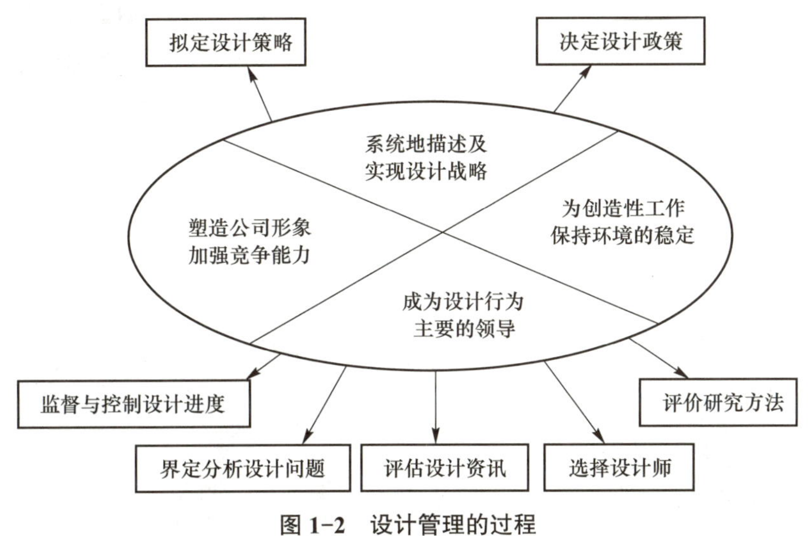

图 1-2　设计管理的过程

四、产品语义学

产品语义学的理论结构始于德国的乌尔姆设计学院的设计符号论，可追溯到美国的符号论。1983 年，美国的克里彭多夫、德国的布特教授明确提出了产品语义学概念，并于 1984 年在美国克兰布鲁克艺术学院由美国工业设计师协会（IDSA）举办的“产品语义学研讨会”中予以定义：产品语义学是研究人造物的形态在使用情境中的象征特性，以及如何应用在工业设计上的学问。产品语义学是研究产品设计符号的学科，产品形态在设计过程中呈现了许多的符号意义。产品语义学打破了传统设计理论中将人的因素都归于人机工程学的观点，将设计因素延伸至人的心理和精神因素。

包豪斯设计师拜耶曾说过，视觉设计的作用是使人类和世界变得更加容易为人理解。目前，许多的产品设计师希望通过产品来表达更多的情感、精神和文化内涵等内容。但仍有很多产品所传达的信息和设计者的设计意志没有保持一致，使消费者无法真正理解设计师的设计用途，导致错误的识别和操作，由此产生了很多失败的案例。这就要求设计师应该对产品语义学做进一步深入研究和探讨，使产品设计由满足功能需求上升到满足情感和精神需求。研究产品语义学理论对于产品设计寻找新的发展方向具有深远的意义。

产品语义学研究的是外在认知、内在情感以及象征意义，包括认知语义、情感语义、象征语义三部分。

1. 认知语义

认知语义学是基于人的感觉和认知的实践，其必须符合人类认知的基本原则，因此具有理性特征，语义表达准确、简单。例如，很多日用品中均采用各种实用功能的形态语义，以通过产品形态让使用者更容易理解形态的功能，如图 1-3 所示。

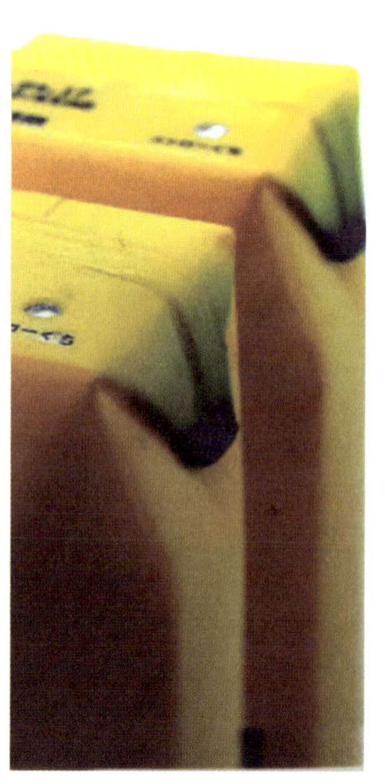

图 1-3 深泽直人作品

2. 情感语义

人类的设计文化已经从提供某些功能发展到提供使用者的情感诉求。目前仅满足使用功能的产品对人们已不再具有吸引力，因此很多产品设计开始从功能转变到情感关注上，使许多的产品都被赋予了丰富的情感和趣味性。例如，德国 IF 大奖“鸟巢回形针收集器”，如图 1-4 所示，当集满了回形针时，收集器看起来像鸟巢一样，这种创作手法增强了产品的内涵，使人会心一笑。再如，英国 Loglike 工作室设计的“爱情汤勺”，如图 1-5 所示，汤勺使用了回收的海滩木材，在勺子一端雕刻了“心形”截面符号，并涂上明快的颜色，使之成为现代人表达爱意的情感载体。

图 1-4 鸟巢回形针收集器

图 1-5 爱情汤勺

3. 象征语义

产品的象征语义是指通过产品的某些形态或属性来表达某种代表含义，表现使用者的社会地位和阶层，或者表达某种文化潮流或某个阶段的审美价值等信息。因此，象征语义具有时代性，说明了某一时期的鲜明烙印。例如，家居中的椅子在每个国家和每个时期都具有鲜明的特点，我国明清时期的椅子反映了那个时期的政治和经济等关系，体现了我国根深蒂固的儒家传统文化思想，如图 1-6 所示。再如，门迪尼设计的“普鲁斯特座椅”，这把椅子的造型是从巴拉克装饰烦琐的设计中提炼出来的，用色彩斑斓的纺织品面料，与当年造型简练、机械感十足的主流家具相比形成了强烈的视觉冲击力，引起了十分强烈的社会反响，“这把椅子成了后现代主义在家具设计上一声明亮而刺激强烈的号角，设计的意义远远超过椅子本身了”（王受之博客），被誉为后现代主义在意大利最极端的作品之一，如图 1-7 所示。

图 1-6　明代靠椅

图 1-7　普鲁斯特座椅

第二节　产品设计的构成要素

产品设计有诸多要素，这些要素相辅相成，如何确定要素、应用要素，并协调众多要素之间的综合关系，是产品设计的关键，图 1-8 所示为产品设计的相关要素。

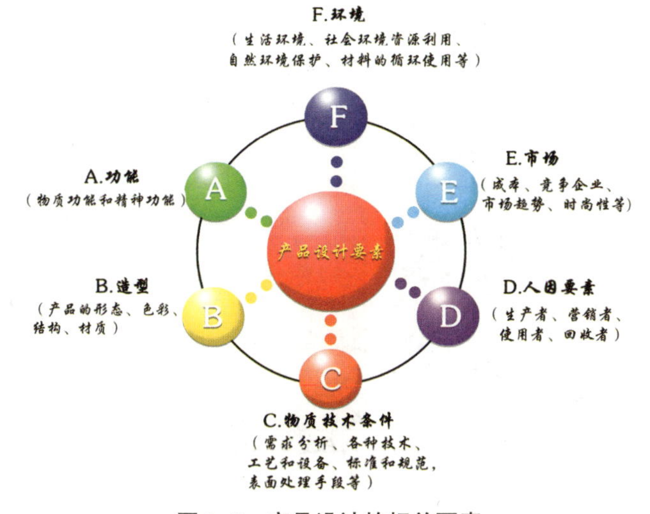

图 1-8　产品设计的相关要素

一、功能

功能是产品所具有的某种特定功效和性能，是产品的目的和设计的决定性因素，是造型的出发点。产品的功能具有双重性，即包括物质功能和精神功能两个方面。产品的物质功能是指以产品的使用功能为主体的物品的实际效能和作用，是产品功能的基本方面；产品的精神功能则是使用功能的附属手段，是基本功能的补充。因此，产品的功能除了包括产品的使用功能外，还应满足人们的生理和心理等方面的需求。产品的功能是产品的决定性因素，它决定了产品的造型和造型手段，图 1-9 所示为现代产品功能系统。

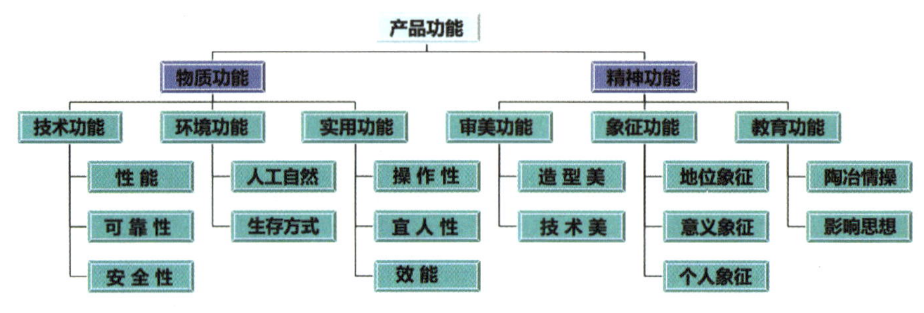

图 1-9　现代产品功能系统

1. 产品的物质功能

物质功能也称为使用功能，是指产品的实际使用功能、材质功能以及产品的适用性、可靠性、安全性和维修性等客观性功能。例如，椅子的功能是满足人坐着的需要，杯子的功能是让人喝水。物质功能可以分为技术功能、环境功能和实用功能三类。

（1）技术功能。产品的生产受生产技术和材料运用水平的现实限制，无法生产出来的产品没有现实意义。然而技术本身不是目的，技术的转化才是最重要的。现今蓬勃发展的高科技和新材料为产品的生产提供了大量的条件，同时，产品设计也不同程度地促进了高科技成果转化为具体产品，满足人类社会不断发展的需要。如图 1-10 和图 1-11 所示艾斯林格设计的 Loft Cube，这是为现代游牧人营造的流动生存单元，目前该设计已经投入生产。

图 1-10　艾斯林格设计的未来小屋（Loft Cube）

图 1-11　艾斯林格设计的未来小屋（Loft Cube）

（2）环境功能。在设计过程中，不仅要考虑产品的组成环境，而且要考虑产品的自然环境及产品达到使用寿命后的诸多问题。针对不同的地域环境，应该采取不同的设计方式。例如，椅子的设计，根据使用环境的不同，设计上也会产生很大的差异。室外用椅可以通过锻铁穿插、搭接形成网格结构及防水材料的应用来抵御风沙、雨雪等对其表面的侵蚀，而室内用椅则不需要考虑这些；还有，快餐店和咖啡厅的椅子是不能通用的，因为咖啡厅顾客进餐时间较长，需要较舒适的座椅，而快餐店顾客流动快，如果提供舒适的座椅，会占据空间甚至影响销售。因此，不考虑产品使用环境的设计是不会成功的。

另外，这里的环境不仅是指产品放置的具体场所，还包括自然环境。随着人们环保意识的提升，选择产品的观念也发生了改变，那些利于环保的简朴设计得到了推崇，图 1-12 所示为菲利普·斯塔克于 1994 年为日本的 Saba 公司设计的 Jim Natural 电视机，其外壳是可回收的曲线形高密度纸板，这种外观不仅一改主流冰冷的硬边塑料外壳，还赋予了产品生态学的意义。

图 1-12 Jim Natural 电视机

（3）实用功能。产品的实用功能是指设计对象的实际用途或使用价值，产品的实用功能是决定产品形态的主要因素。一件产品除了发挥自身的功能以外，往往还有许多额外明确的功能。例如，路灯的灯柱除了支撑路灯的作用外，还可以有悬挂路标、悬吊红绿灯、固定旗帜、作为防撞护栏等功能，图 1-13 所示为设计师结合了路灯和座椅功能创作的灯。

2. 产品的精神功能

精神功能也称为表观功能，是指在使用的基础上，对产品的外观进行美化和装饰作用的功能。精神功能使产品带有审美的需求，并和人们的心理产生共鸣，带有情感色彩。随着物质和文化生活水平的提高，人们对产品精神功能的追求日益增强，这就要求产品设计在保证产品物质功能品质的同时，更要注重精神功能的开发。例如，目前国外有很多成功的趣味性设计产品，如台灯、座椅、开瓶器、鼠标等，都是在满足产品使用功能的基础上给了消费者以精神上的享受，满足了消费者精神上的需求。精神功能分为审美功能、象征功能和教育功能三类，以下主要介绍审美功能和象征功能。

（1）产品的审美功能。产品的审美功能是指利用产品特有的艺术形式来表达产品的不同美学特征及价值取向，唤起人们的审美感受，让使用者从内心情感上与产品取得一致和共鸣。随着人们物质生活的不断丰富，产品设计不仅限于满足产品的实用功能，而且还要满足人们的审美需求和愿望。图 1-14 所示为一个绿色树干搭配着 20 根白色不锈钢管枝丫的“日光树”路灯，环保的色彩为灰色调的城市注入了感性，树干与树枝的比例接近黄金分割比，和谐而舒展，其中有 10 根枝丫上安装了太阳能电板和 LED 灯，路灯底座设计成座椅，方便市民歇息。

图 1-13 结合了路灯和座椅功能的灯

图 1-14 “日光树”路灯

（2）产品的象征功能。产品的象征功能是指产品除了要满足基本的使用功能以外，还要表达某种程度的文化内涵，体现特定社会的时代感和价值取向，以引导社会时尚潮流。例如，现在很多人在购买汽车和手机时，并不单纯考虑代步和通信功能，而是更多地重视产品的社会价值，因为某些高档品牌产品已经成为人们日常生活中的象征性物品或被人追崇的对象，人们往往通过购买这些高档品牌的产品来凸显自己的身份和地位，这种现象体现了人们在产品中寻求一种文化、身份和个性的交流与认同。当年（被宝马收购之前）的劳斯莱斯汽车正是抓住了人们的这种心理，将其产品分为三个等级，并严格审查购买人的资产和身份来确保该品牌的个性风格和深层文化底蕴，满足消费者的愿望。另外，产品在得到群体的认可和促进整个社会的融合方面也发挥着作用，一些阐述民族文化的产品容易激起人们的情感共鸣。

二、造型

造型是产品功能的表现形式，是产品为了实现其所要达到的目的所采取的结构或方式，即具备特定功能的产品实体形态，包括产品的形态、色彩、材质、结构等多种形式要素，这些要素对于产品本身而言是一个密不可分的整体。造型是对产品功能的体现与反映，是为产品功能服务的，并有助于产品功能的发挥。一般来讲，产品的使用功能和精神功能两个方面里，使用功能是主要的，个别情况下产品的精神功能也会成为重要的因素，但无论如何产品的造型都必须符合功能对其的要求。不同的产品功能需要有不同的产品形态与之相适应。另外，造型有其独立性，对功能也有反作用，也不能与功能相矛盾，不能盲目地因造型而造型。

1. 形态

“形态”包含了两层意思，即形状和神态。“形”是指物体在一定视觉角度、时间和环境条件中体现的轮廓尺度和外貌特征，是物体客观、具体、理性和静态的物质存在。“态”是指物体不同层次、角度的“形”和“态”的综合体。产品形态是传递产品信息的第一要素，是将设计师、使用者和产品三者建立起关系的一个媒介。另外，文化、传统、宗教、信仰和民俗情感等也会对其产生影响。形态可以分为具象形态（图 1-15）、抽象形态、模拟形态、象征形态、机能形态等。

图 1-15　具象形态设计

2. 结构

结构是构成产品的部件形式及各部件间组合连接的方式，例如，自行车由 20 多个部件（每个部件里又有数十个零件）构成，如图 1-16 所示。结构设计则是为了实现某种功能或适应某种材料特性及工艺要求而设计或改变产品构件形式及部件间组合连接的方式。结构决定了产品的功能，也丰富着产品的形态。产品的结构具有层次性、有序性、稳定性的特点。产品结构可以分为外部结构和内部结构。

图 1-16　自行车

3. 材料的质感

材料的质感是指产品材料性能、质地和肌理的信息传递，与产品的功能和造型是紧密联系在一起的。材料是实现产品功能的物质载体，影响着产品功能的实现。另外，材料还在产品的形态、色彩、质感要素中起到了关键的作用。

（1）基本属性。质，指的是产品由表及里的材质、质地。感，指的就是感觉、感情及感观反应，也就是人的主观感性。材料的质感包括肌理和质地两个层次，其中包含生理和物理两种属性。生理属性即物体表面作用于人的触觉和视觉系统的刺激性信息，如软硬、粗细、冷暖、凸凹、干湿和滑涩等。物理属性即物体表面传达给人知觉系统的意义信息，也就是物体的材质类别、价值、性质、机能和功能等。

（2）分类与性质。质感有两种分类方法。按人的生理和心理感觉，质感可分为触觉质感和视觉质感；按材料的物理和化学特性，质感可分为自然质感和人为质感。

良好的触觉质感设计，有提高产品的适用性，增加宜人性，塑造产品的精神品位，达到产品的多样性和经济性，塑造全新的产品风格等多方面的作用。

4. 色彩

产品的色彩设计既能美化产品，又是产品设计传达产品功能的某些信息的一个重要的构成要素。图 1-17 所示为菲利普・斯塔克设计的拥有多款色彩的开瓶器。图 1-18 所示为依靠颜色来区别功能的音频、视频接口。色彩是构成产品整体风格的基础，它的象征作用及对人们情感的影响远大于形态和材质，还可以因人的情感状态产生多重个性。

图 1-17　开瓶器

图 1-18　音频、视频接口

在进行产品色彩搭配时，首先应该确定一个主色调。如果多种色彩进行搭配时，也应以一种色彩为主，其他色彩为辅，协调统一。其次，主色调除了要大面积使用之外，还要占据显眼的位置。最后，一件产品不应配置过多的色彩，一般 1～3 种最佳，色彩越少越醒目，整体感越强，反之则显得杂乱。图 1-19 所示为设计师 Cappellini 设计的折叠椅，两把造型相同的椅子，单色的椅子显得大方而整齐，多色搭配的椅子就显得凌乱。

在进行产品色彩设计时要符合产品的品质，满足人机协调的要求，设计时应考虑材料加工工艺和其本身色彩，满足环境的要求，符合企业的品牌形象。

图 1-19　折叠椅

三、物质技术条件

产品功能的实现和造型的确立需要各种技术、材料、工艺和设备，这些被称为产品的物质技术条件。物质技术条件制约着产品的功能与造型，是构成产品功能与造型的根本条件，是产品设计构想变为现实的关键因素。然而，它却具有相对的不确定性，如相同或类似功能与造型的产品，因选择材料不同，加工方法也会不同。除此之外，随着人类进入信息化时代，新材料和新技术的不断产生和发展，赋予了设计更为广阔的拓展空间。传统的机械技术时代的“功能决定形式”理论已经不再适用，一件产品既要富含科技含量，还要满足市场需求。另外，计算机技术的发展，使得产品与技术的联系更加紧密，不但改变了产品制作工艺和产品设计的技术手段，也使设计师的设计思维和观念发生了转变。

四、人因要素

人因要素是产品设计中非常重要的一个要素，是使产品设计付诸实施的关键。人因要素包括人的生理要素和心理要素两大类。生理要素指的是人的形态、生理特征等；心理要素则是指人的需求、价值观念、行为意识、认知行动、社会学要素及审美要素等。人因要素不仅包括了使用者，而且还涵盖了从产品诞生到消亡全程中涉及的各种人因要素。在一个产品的整个生命过程中，不仅需要各种技术、工艺和设备，还需要社会各界不同领域的人共同合作。虽然不同的产品开发需要的人因要素不尽相同，但是至少要考虑以下几个人因要素。

1. 生产者

产品设计的生产者是指生产流程中各种角色的人。设计的优劣直接影响着“人”在生产过程中的工作效率和质量，更关系到产品的本身，还会直接影响到生产秩序，直接关系着产品的市场竞争力。因此，在设计中应充分考虑生产线和装配流程以及工艺的特点和生产管理方式，最大限度地与之相适应。同时，还要考虑工人在生产过程中进行操作的特点，尽可能简化装配操作，优化装配方法，降低组装难度等。例如，日产发动机生产线的人工检查和组装环节，如果螺钉没有按规定拧 6 圈，则红灯亮起，整条生产线将停止运行，这种便于工人操作的可视化生产线就是站在生产者角度去考虑设计中的具体问题。

2. 营销者

营销活动是产品转化为商品的重要过程。设计时应该要根据营销活动的特点考虑产品与营销者之间的匹配关系。首先，产品营销者十分关心产品的陈列方式，因为产品本身及包装大小是有效利用有限空间进行存储、运输、展示和销售等环节的关键。其次，产品设计要利于营销者发挥能动性。产品设计时如能充分考虑产品的展示性便更利于促销，如农夫果园系列饮料推出时，包装瓶的直径达到 38 毫米，大于市场同类产品 10 毫米，这样的容量规格使得该系列产品在货架上更加引人注意，也利于促销人员对其进行宣传。由此可见，产品设计时充分考虑如何有利于营销者的促销活动，不仅会增加销量，也会为价格策略做好铺垫。

3. 使用者

产品的使用者是指产品的实际使用者和消费者。只有产品的尺度、形态与人体操作时的各部分尺寸及使用环境相协调，产品的效能才能最大化发挥。另外，人是否能适应产品，并正确、有效地使用产品，又取决于产品本身是否匹配于人的身心。研究、分析、解决这种人、机关系的方法和手段莫过于人体工程学。例如，座椅的设计，应该符合人体工程学原理，座椅的尺寸应该与人体尺寸相适应，尽可能使坐者保持自然或接近自然的坐姿，还要有足够空间供使用者在座位上变换坐姿，使坐者活动方便，操作省力，体感舒适。另外，座椅还要牢固、稳定，防止坐者倾翻、滑倒。如图 1-20 所示，这是英国设计师 Benjamin Hubert 为荷兰现代家居公司 de Vorm 设计的豆荚椅，是按照人体工程学原理进行设计，坐者身体完全包围在椅子里面，与椅子完美地贴合在一起，无论如何变换坐姿，都相当舒适。椅子侧面是三角形结构，稳固不易变形，椅子后腿则增强了其稳固性，使椅子不易向后倾斜。

图 1-20　豆荚椅

4. 回收者

目前，全球的社会消费出现了严重的环保问题，这就要求设计师进行设计时不仅要考虑降低生产成本，还要考虑有利于将来回收，使产品在"寿命的终点"还能继续产生价值。产品的回收大致有整体回收和拆卸回收两种方式，通过分解、分类、堆集、运输和防止污染等行为来完成。也就是说，要在设计时将产品的可拆卸性作为结构设计的一个目标，就可使产品的连接结构易于回收者装配、拆卸，方便维护，并通过分解行为把设计产品的可再生利用的部分、可重复利用的部分和丢弃的部分分开，然后进行分类，实现零件或材料的再利用，达到节约资源、能源，保护环境、防止污染的目的。图 1-21 所示为可拆可收置物架。另外，如果设计时考虑产品回收的堆放问题，那么回收者的工作会轻松很多，如图 1-22 所示为节省运输和回收空间而设计的方形瓶身可乐瓶。

图 1-21　可拆可收置物架

图 1-22　方形瓶身可乐瓶

五、环境

产品设计不是孤立的，是要从总体出发，要有"环境—人—产品"的整体观点，必须考虑产品与其使用环境的协调一致。影响产品的环境因素有很多，如政治环境、经济环境、社会环境、科学技术环境、自然环境和国际环境等，这些环境要素直接或间接地对产品设计有着不同程度和方向的影响，甚至决定了产品设计的成败。例如，一个花瓶摆在客厅、卧室、厨房、卫生间是由其形状、材料等自身的使用条件，以及是否与其所处的环境相协调，能否满足人们的使用要求和心理要求决定的。如果摆放不当，不仅起不到装饰作用，还会影响人们日常的生活。也就是说，产品设计时除了需要知道为谁设计外，还需要认真地了解这个产品在哪里使用。

1. 组成环境

产品的组成环境分为外环境和内环境。产品的外环境是指产品的物质实体与周围事物的关系，也就是产品的造型与其内部的组件。产品的内环境是指产品与使用产品的人之间相互协调的关系。这种相互协调的关系，既存在于人的身体与产品的接触中，也存在于人与物的交流时所激发的种种愉悦、兴奋和放松的情感之中。

2. 自然环境

自然环境包括地理环境、景观环境、产品使用环境等，这些因素影响着当地的经济、人文思想和民族习惯等，并进一步促成当地人们特定的思维方式与行为习惯。另外，不同的环境营造着不同的氛围，形成了特定的情境，从而影响产品本身及其设计。因此，产品设计必须协调人与环境的关系，除了保证产品的使用效率外，还要保证产品在环境中的物理、化学和生物学等影响因素对人体和环境无害。也就是说产品设计时在满足产品的使用功能和审美功能的同时，还要考虑节省资源、降低能耗、利于回收、建立可持续发展机制，最终实现“人—产品—环境”的协调统一。图 1-23 所示为野外烹制食物的太阳能便携式灶具，这种利用太阳能的燃具比传统的便携煤气炉、酒精灯等更加绿色环保。

图 1-23　太阳能便携式灶具

3. 社会环境

产品从设计到使用的整个生命周期中，要受到政治、经济、文化、科技、宗教等社会因素的影响与制约。这些环境因素提供了一系列社会和文化的准则，并以强大的直接或间接的社会影响力和渗透力引导和决定着产品设计的方向，特定产品与特定的环境结合起来才会更具有生命力。例如，抽油烟机的中西式之分，因为我国人煎、炒、烹、炸的烹调方式会产生很多油烟，而西方人多采用凉拌、烘烤的烹调方式，产生的油烟相对较少，因此我国家庭用的抽油烟机需要有较大的吸力，但目前我国很多家庭因为追求时尚和美观的潮流也安装了欧式造型的抽油烟机，为了适应中国人厨房的使用环境，这些欧式抽油烟机的功率均被加大。

六、市场

目前社会经济向市场经济过渡，对产品市场的研究和思考已经成为产品设计开发过程中的重要环节。在竞争激烈的市场经济中，为了使产品设计更好地满足使用者的精神需求和物质需求，首先必须以人为本、面向市场、走向市场、投入市场、依靠市场，以市场为导向，把握市场脉搏。其次，依靠新技术、新材料、新发明的应用，严控材料和零部件的消耗及模具费用的投入等环节来降低产品成本，强化产品功能，提高产品质量，增强产品的竞争能力，为企业创造实在的效益在市场竞争中求得生存和发展。最后，要开发新技术、新功能及款式时尚的新产品，在销售价格上拉开与技术过时和款式陈旧的商品之间的距离，创造“高附加价值”产品。

综上所述，这些要素是相互依存、相互制约而又不完全对应地统一于产品之中的，产品设计师只有充分理解并运用好它们的辩证关系，才能更好地进行产品设计。

第三节　产品设计遵循的基本原则

一、适用性原则

“适用”是指产品适宜于人们的使用，包括产品使用功能的满足，即不仅体现为技术和工艺性能好，而且体现为整个产品与使用者的生理特征相适应的程度。例如，手持工具的形态是由操作时手握的需求和使用状态决定的，如图 1-24 所示。产品设计的适用性原则是由产品设计的目的所决定的。产品设计必须考虑产品与人及人使用该产品的环境之间的关系，因此将“以人为本”作为其最高的目的，这是它们存在的基本属性。“适用”还包含两个方面意义：技术性能与整体关系。产品设计师在设计过程中要充分考虑技术和工艺的环节和因素，这样会增强产品使用的便利性，使其更好地发挥产品总体功能。

图 1-24　手持工具

在产品设计中，产品的功能和形态往往是密不可分的，例如市场上出售的胶棉拖把，由于它具有挤水的功能，因此就会有挤压的结构，从而造成胶棉拖把和其他拖把在形态上的差异。除此之外，产品设计还应该是易于认知和辨识的设计，并且在环境保护、社会伦理、专利保护及安全性和标准化等方面也必须符合相应的要求。

二、经济性原则

“经济”是指在产品设计中需要考虑产品的成本费用问题，使其在满足产品所需功能（物质的与精神的）的同时，尽可能实现成本低廉、费用最低、质量最好，做到物美价廉。产品设计过程中，要从消费者或者使用者的角度去观察、研究、解决产品中存在的问题，而不是从企业的经济效益出发。因此，产品设计在保证质量的前提下，应尽可能地降低生产成本，增长产品使用寿命，使之便于运输、维修和回收等，这样才能使企业在市场竞争中处于有利位置。图 1-25 所示为实用可变的设计，好的设计会让产品和品牌大幅度增值，实现高附加价值。

图 1-25　实用可变的设计

三、美观性原则

“美观”是指产品的形式要满足人们的审美需要，体现时代和社会的审美情趣，体现出产品本身的美学特色，使人们在产品使用过程中不仅得到物质需要和使用的满足，也在心理上得到愉悦，在精神层面上得到享受。

产品美观的外在表现形式能够给人以美的享受，因此这种美的形式要满足人们在生理和心理上的诸多需要。产品设计要满足大众普遍性的审美情调需要，而不是设计师个人主观的审美需求。产品的审美不仅要符合功能要求，反映功能特征，而且有其自律性，它往往通过新颖性和简洁性来体现，而不是依靠过多的装饰堆砌来形成。除此之外，产品的审美应具备整体性的美感效应，包括形式美、结构美、材质美及时代美等，以及是否能取得与环境相得益彰的效果，是否符合民族习惯和伦理等。总之，产品的外观美不仅影响着人们的日常生活，而且对企业的经济效益有着至关重要的影响。图 1-26 所示为杨明洁的爱依瑞斯之“爱巢”，体现了产品良好的使用体验带来特殊的美感，会提升使用的趣味性。

图 1-26　爱巢

四、创新性原则

“距离已经消失，要么创新，要么死亡。”（托马斯 · 彼得斯名言）唯有创新才能提供给产品设计新鲜血液，图 1-27 所示为 Jaehyung Hong 设计的衣架，结合了回形针的造型，拓展了普通衣架的功能。现代产品设计中，新概念、新思想和新材料、新技术、新工艺等的引入和应用为产品设计注入了新的活力，有益于产品更好地满足人们适应社会发展的需要和良好生活方式改变的需要。产品设计师应依据创新性原则突破各种传统观念和惯例的束缚，开辟新的设计思路，从设计原理、产品结构、加工技术、原材料以及产品造型等多方面出发，不断创新，设计出各式新颖独特的新产品，为企业在市场竞争中奠定坚实的基础。如图 1-28 所示，这款椅子在后面设计了一个放置衣服的夹层，将衣服挂在衣架上，然后推入夹层就可以了，椅子下面的储物空间还可以用来放置手提包等随身物品，这种人性化设计，解决了人们外出吃饭的衣物放置问题。

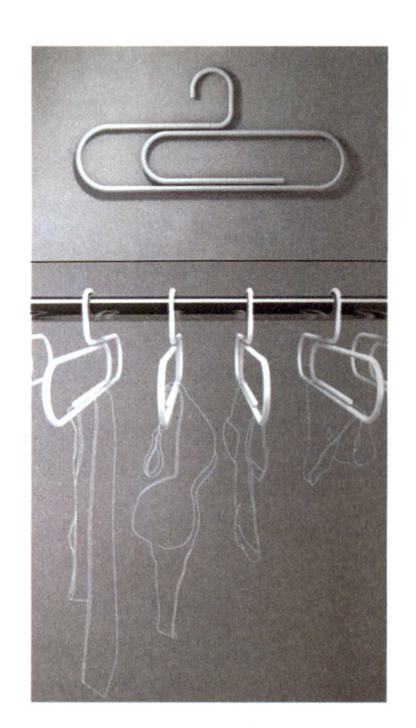

图 1-27　衣架

五、安全性原则

安全第一，产品的安全性使用是人类日常生活基本的需求。产品设计的安全性包括了安全学、社会学和心理学等多门学科的内容。产品设计的安全性研究是产品质量提升和企业市场竞争取胜的关键所在。因此，产品设计师应提高自我的安全责任意识和安全技术知识，通过设计提高产品的安全规范性，对可能造成的不安全的因素予以说明、警示，降低产品在使用过程中的安全隐患。近年来，随着人们对产品安全性的要求日趋强烈，以及国家和行业对产品安全的规范性要求，产品设计界更应积极推广和引导安全设计的价值理念，甚至于不惜牺牲产品的创新和美观，也要为消费者提供具有保护和安全性的合格产品，最终实现产品功能性、经济性、美观性等与安全性的高度统一。

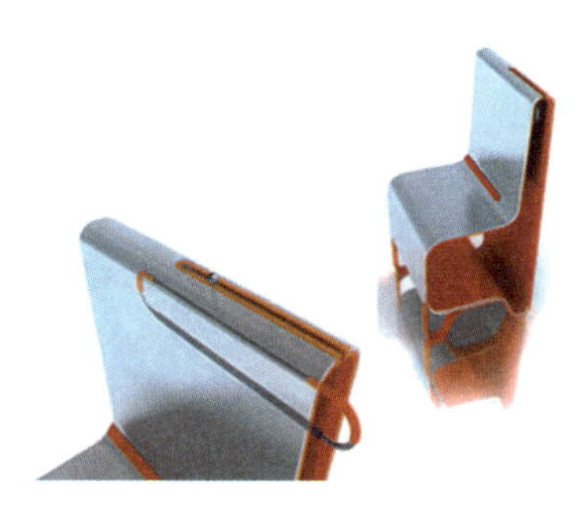

图 1-28　椅子

六、可持续发展性原则

1987 年，世界环境与发展委员会对可持续发展做了如下的定义：“既满足当代人需要，又不降低后代人满足需要的能力的发展”。图 1-29 所示为天然棕榈叶制作的餐盘，其设计灵感源于印度妇女用新鲜的树叶盛装食物的生活习惯。虽然盘子没有华丽的设计，但是制作简单，材料可降解，利于回收，符合人类社会可持续发展的理念。1995 年 11 月，在英国召开的“面向可持续产品设计”的国际会议上正式提出了“可持续产品设计”的概念。一方面，将可持续发展的思想融入产品设计中，形成了新的内涵；另一方面，产品设计也为可持续性发展战略的实施提供了一片广阔的天地。产品设计师在设计产品时要突破传统生产设计“易于制造并满足产品功能和性能”的原则，要从人类生存的长远发展来考量，如资源与能源的合理利用，避免资源浪费和污染环境，设计的产品应该易于拆卸、回收和二次利用，满足适应环境与可持续发展的需求等。产品生产企业为提高企业自身持久的竞争力，不能单纯依靠追求经济效益，而是要有效地将可持续发展理念融于企业的发展，对产品进行生态设计与制造，关心产品在整个生命周期内对环境的影响，实现“绿水青山”和“金山银山”并重，实现产品设计、产品市场的可持续发展。例如，图 1-21 所示为可拆可收置物架，由于家具生产技术和材料的发展，当代的家具多采用标准连接件进行连接，在可拆卸结构方面做出了表率。

图 1-29　餐盘

综上所述，产品设计是一项综合活动，设计的各种原则不是相对独立的，它们之间相辅相成、相互制约、相互影响，是一个不可分割的整体。

第四节　产品设计发展简史

欧洲文艺复兴过后，资本主义崛起、地理大发现以及宗教改革等众多因素使得自然科学在欧洲得以确立，成就了 17 世纪欧洲大陆的工业革命，开创了人类历史的新纪元。这一时期，大机器生产逐渐取代了传统手工业，成为当时资本主义世界国民经济的命脉，加速了生产力的迅猛发展，使得工业革命在 19 世纪达到高潮。工业设计方面，科技对设计的影响非常大，机械化生产改变了人们的审美情趣，多种设计思潮的观点与精神融汇到一起，创立了现代设计科学，并开启了一场轰轰烈烈的现代“工业设计”运动。

一、现代主义工业设计的形成与发展

1. 准备阶段

19 世纪末至第一次世界大战前夕，欧洲相继产生了诸多艺术运动，各种思潮的不断演变与融合，形成了众多风格和流派，如工艺美术运动、芝加哥学派、新艺术运动、德意志制造联盟等这些艺术运动和众多流派的先驱对艺术与设计领域的不断探索，虽然在一定程度上深远地影响了整个欧洲的工业设计，但是这些新观点还没有形成系统，都无法正确地将工业与设计有机地结合起来。例如，1907 年，德国主管外贸的官员穆特修斯授权建立了德意志制造联盟，使工业设计从理论和实践上形成了真正意义上的突破；联盟旨在实现“通过艺术、工业与手工艺的合作，用教育、宣传及对有关问题采取联合行动的方式来提高工业劳动的地位”，承认工业生产的地位和价值，指出美学与人类的精神文化、追求、生产、生活密切相关；联盟为德国选择了正确的商品经济发展的社会结构，设计将投资、设计、生产和消费统一在一个有机的系统里。图 1-30 所示为德意志制造联盟最著名的设计师贝伦斯于 1908 年设计的电风扇，图 1-31 所示为他于 1910 年设计的电钟。

图 1-30　贝伦斯设计的电风扇

图 1-31　贝伦斯设计的电钟

2. 现代主义工业设计的确立

第一次世界大战后，工业和科学技术得到了显著发展，大众市场已经发育健全，之前的艺术变革成功地改变了人们的审美情趣，使得现代主义形成和发展的各种条件都已经成熟，先前分散的各种设计改革思潮终于融汇到一起，形成了意义深远的现代主义，并标志着现代工业设计的开端。现代主义最早出现在德国，之后在法国、奥地利、意大利等国逐渐发展起来。现代主义源于对机器的承认，认为机器应该用自己的语言来进行自我表达，也就是说任何产品的视觉特征应由其本身的结构和机械的内部逻辑来确定，这种“科学性取代了艺术性”被称为“机械化时代的美学”。

现代主义的关键因素是功能主义和理性主义。功能主义认为一件物品或建筑物的美和价值取决于它对于其目的的适应性，其最有影响的口号是“形式追随功能”。理性主义则是以严格的理性思考取代感性冲动，以科学的、客观的分析为基础进行设计，尽可能减少设计中的个人意识，从而提高产品的设计效率和经济性。但不能把现代主义简单地等同于功能主义和理性主义，因为它具有更加广泛的意义。

3. 现代主义工业设计的高潮——包豪斯

随着“德意志制造联盟”在德国取得了巨大的成功，1919 年，德国沃尔德 · 格罗皮乌斯（“德意志制造联盟”的代表人物之一）成立了“国立包豪斯”学院，揭开了“包豪斯运动”的序幕。该校是西欧最激进的一个设计中心，是现代主义的摇篮地。

“包豪斯”以“艺术与技术的新统一”为宗旨，强调设计的目的是人，而不是产品本身。包豪斯主张简洁的造型，注重材料、结构的应用及其特色的发挥，体现了既实用又符合新时代精神的审美，创作出一系列独具时代特色的设计作品。图 1-32 所示为布兰德于 1924 年设计的茶壶，图 1-33 所示为布兰德于 1926—1927 年设计的台灯。还有布劳耶设计的一系列影响极大的钢管椅，如图 1-34 所示，这些钢管椅充分利用了材料的特性，结构简单，造型轻巧优雅，是现代设计的典范。同样，还有图 1-35 所示的格罗皮乌斯设计的“阿德勒”小汽车，这是 20 世纪 20 年代的典型例子。另外，米斯设计的巴塞罗那椅（图 1-36）和魏森霍夫椅（图 1-37）等，均是典型的“包豪斯”风格。

图 1-32　布兰德于 1924 年设计的茶壶

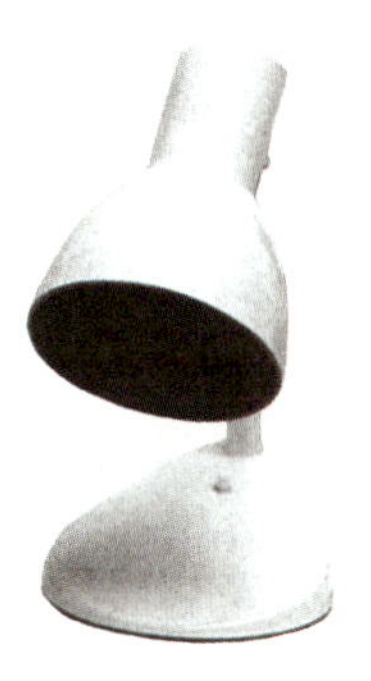

图 1-33　布兰德设计的台灯

图 1-34　布劳耶设计的钢管椅

图 1-35　格罗皮乌斯设计的“阿德勒”小汽车

图 1-36　米斯设计的巴塞罗那椅

图 1-37　米斯设计的魏森霍夫椅

“包豪斯”为顺应未来社会发展培养建设者，使其运用科学、技术、知识和美学去创造一个满足人类精神与物质需要的新环境，并且建立起一系列沿用至今的现代设计基础课程（如平面构成、色彩构成、立体构成、材料学、模型制作等）。“包豪斯”在德国的建立使德国走到了工业设计运动的前列，1933 年，由于德国纳粹的迫害，“包豪斯”结束了 14 年的办学历程，但“包豪斯”的成员将“包豪斯”的思想带到了其他国家，尤其是美国，为现代工业设计做出了巨大贡献。

4. 现代主义工业设计的发展

20世纪40—50年代，在“包豪斯”理论基础上发展起来的现代主义成了欧美各国工业设计的主流，其核心是功能主义，强调实用物品的美应由其实用性和对于材料、结构的真实体现来确定。随着第二次世界大战后经济的复苏，西方在20世纪50年代进入了消费时代，现代主义不再是战前的空想状态，而是脱离了战前刻板、几何化的模式，并与战后新技术、新材料相结合，形成了一种成熟的工业设计美学，由现代主义走向“当代主义”，并广泛深入工业生产领域。现代主义在战后的发展集中体现于美国和英国，其为现代主义设计冠以“优良设计”的名称并进行推广，取得了很大的成效。

（1）美国。20 世纪 40 年代，“包豪斯”的领袖人物格罗皮乌斯、米斯、布劳耶、纳吉等先后到了美国，并把持了美国的设计教育界，从而把第二次世界大战前欧洲的现代主义传播到了美国。在这方面，美国纽约的现代艺术博物馆起到了积极的推动作用，并在 1940 年为工业设计提出了一系列“新”标准，即产品的设计要适合于它的目的性，适应于所用的材料，适应于生产工艺，形式要服从功能等，即“优良设计”。在 1945 年以后的一段时间内，“优良设计”大行其道，被视为道德和美学意义上的典范，并把它作为反抗流线型一类纯商业性设计（设计改型不考虑产品的功能因素或内部结构，只追求视觉上的新奇与刺激的设计，与“包豪斯”的设计原则背道而驰）的武器。图 1-38 所示为沃森设计的台灯，采用黑色金属管支架、亚麻布灯罩，非常精练质朴，被认为是高雅趣味的体现。为了促进工业设计进一步发展，纽约现代艺术博物馆于 20 世纪 30 年代末成立了工业设计部，任命格罗皮乌斯推荐的著名工业设计师诺伊斯为工业设计部第一任主任。另外，一些企业也加入并投身于促进美国现代主义设计。

由于经济的发展和资本主义商业规律的压力，为了提高产品的销量，现代主义在 20 世纪 50 年代不得不放弃先前一些激进的理想，使自己能与资本主义商品经济合拍。这期间，格罗皮乌斯修正了他在式化“包豪斯”时期的主张，更加强调设计的艺术性与象征性。图 1-39 所示为格罗皮乌斯为罗森塔尔陶瓷公司设计的茶具，充分体现了这一点，其不但造型更加“有机”，而且还由拜耶设计了表面装饰。

图 1-38　沃森设计的台灯

图 1-39　格罗皮乌斯设计的茶具

（2）英国。第二次世界大战前，英国依然恪守工艺美术运动的传统，尽管受到一些来自异国艺术思潮的影响，但是总的来说，现代主义没有能在英国真正确立起来。在第二次世界大战期间，由于一些“包豪斯”的重要人物流亡到英国，加上战争的迫切需要和国家在物资、人力上的短缺，使得强调结构简单、易于生产和维修的功能主义设计得以广泛应用，因此现代主义逐渐在英国扎下根来，但并未完全摆脱工艺美术运动的影响。

1942 年，英国政府制定了战时家具的设计要点。同年，英国为了在设计上赶超美国，按照美国职业设计队伍的工作模式成立了第一家设计协作机构——设计研究所。1944 年成立的英国工业设计协会，是英国现代主义发展中起关键作用的机构，该机构通过展览、出版物、电视等宣传媒介广泛向企业和公众进行设计教育，把工艺美术的传统与当代社会不断发展中的工业联系起来，“以各种可行的方式来改善英国工业的产品”，并提出了“优良设计、优良企业”的口号，积极推进“优良设计”在英国的发展。在此期间，英国产生了很多优秀的工业设计作品。图 1-40 所示为伊斯戈尼斯于 1948 设计的莫里斯牌大众型小汽车，这辆车遵从大众化、实用化的设计原则，小巧而紧凑，同时又符合英国国民普遍追求表面高贵的心理，使其成为英国第一个可以在国际市场上与德国“大众”品牌汽车媲美的小汽车，其生产期达十年之久。1959 年，伊斯戈尼斯又设计了另一款莫里斯小型轿车，这款车的造型十分干净利落，被认为是战后英国工业设计的杰作，如图 1-41 所示。

图 1-40　莫里斯牌大众型小汽车

图 1-41　1959 年莫里斯设计的小汽车

1949 年，英国工业设计协会创办了《设计》杂志，积极推动以轻巧、灵活和多功能设计为特征的“当代主义”风格。当代主义主要是 20 世纪 50 年代出现在家具、室内设计等方面的一种设计美学，对办公机器等的设计也有较大影响。当代主义以功能主义为基础，又具有斯堪的纳维亚设计的弹性、有机的特点。图 1-42 所示为当代主义代表人物雷斯设计的羚羊椅，这把椅子的造型轻巧流畅又富有动感，材料采用钢管和胶合板，室内室外均可使用，其于 1954 年获得米兰工业设计大展银奖。再如，另一位当代主义风格的设计师罗宾·戴于 1950 年为希尔公司设计的可叠放椅，如图 1-43 所示，该椅由钢管和胶合板制成或胶合板热压成型的方式制造，所采用的倒V形腿成为当时的时尚。

图 1-42　羚羊椅

图 1-43　可叠放胶合板椅

从 20 世纪 50 年代起，公众趣味逐渐成为设计师关心的焦点，各种装饰图案和“艺术”形式开始复兴。工业设计协会对此提出了批评，使“优良设计”与大众趣味的矛盾越演越烈，并在 20 世纪 60 年代达到高潮。1956 年，工业设计协会所属的设计中心正式成立，从而巩固了工业设计协会在英国设计界的重要地位。设计中心不仅收集和展出优秀设计，还负责评奖工作和提供各种有关设计的咨询服务，1972 年随着其不断发展，设计中心改称为英国设计协会。

英国政府长期以来重视工业设计并采取一系列积极政策多方扶持，使英国工业设计水平不断提高，成为一个工业设计出口国，也使既注重产品的外观造型，又强调产品的技术结构和实用性，成为英国工业设计师的设计特点，他们兼具意大利设计师的浪漫与激情和德国设计师的理性与严谨，在国际设计界享有盛誉。英国著名工业设计师戴森设计的真空吸尘器，吸尘器底部设计成球形的支撑结构，使吸尘器更加机动、灵活，吸尘器的电动机被放在球形支撑的里面，既节省空间又可降低整体的重心，体现了产品的外观设计与工程技术的完美结合，如图 1-44 所示。

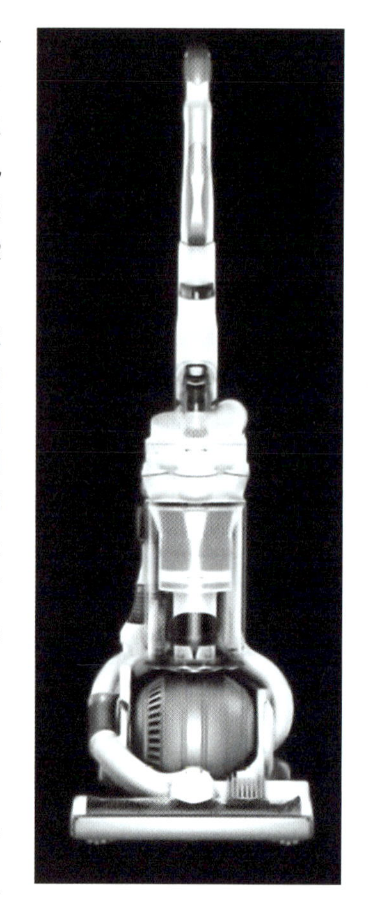

图 1-44　戴森设计的吸尘器

二、产品设计的多元化思潮

20 世纪 60 年代，随着社会经济的蓬勃发展，现代主义仍在不断的发展和完善，但几位现代主义大师辞世后，功能主义遭到新一代设计师的挑战，众多的艺术设计思潮相继涌现，现代主义设计一统天下的局面被打破了，工业设计逐渐走向了多元化的格局。这些艺术思潮包括国际主义、波普主义、新现代主义、后现代主义、“高科技”风格、“过度高科技”风格、减少主义风格、微建筑风格、微电子风格、解构主义风格等，其均对工业设计产生了重要的影响，标志着产品设计向着多元化的趋势发展。此处选取几个重要的设计艺术运动进行介绍。

1. 国际主义

国际主义风格在第二次世界大战之前就出现了，最早源于建筑领域。第二次世界大战后，随着美国经济的飞速发展，欧美的观念结合美国的市场需求，基于现代主义设计基础上的国际主义运动轰轰烈烈地展开了。国际主义是现代主义设计的一种深化与蔓延，经过在美国的发展，于 20 世纪六七十年代达到了顶峰。世界各地的建筑、平面及产品设计等多方领域均受到了它的影响。产品设计方面，国际主义风格的产品设计开始追求功能和结构特征的直观表现，色彩多为黑、白、灰，形成高度统一、理性化、精炼无装饰的设计风格，体现了国际主义设计重视功能、追求形式简洁的设计原则。图 1-45 所示为英国罗伯特公司生产的收音机。但这种第二次世界大战后的单一化的主导设计风格阻碍了人们对设计多元化的探索步伐，与社会发

图 1-45　英国罗伯特公司生产的收音机

展的趋势背道而驰，因此逐渐被其他设计思潮所代替。

2. 波普主义

波普主义风格又称为流行风格，它以英国为中心，后延伸到美国、德国、意大利等许多国家和地区。其反映了第二次世界大战后成长起来的青年力图表现自我，追求标新立异的心理的社会与文化价值观，十分强调灵活性与可消费性。波普主义风格代表了 20 世纪 60 年代工业设计追求形式上的异化及娱乐化的表现主义倾向，是一场广泛的反现代主义设计的艺术运动，影响深远，特别是在色彩运用和表现形式方面。波普艺术是多种风格的混杂，它追求大众化的、通俗的趣味，反对现代主义自命不凡的清高。波普主义在设计中强调新奇与独特，并大胆采用艳俗的色彩，产品设计专注于形式的表现和纯粹的表面装饰。正因这种形式主义的本质违背了经济法则和人机工程学等工业设计基本原则，使其很难继续发展，并迅速退出设计史舞台。图 1-46 所示为保罗・罗马兹等设计的布娄充气沙发，这是波普家具的经典作品。

图 1-46　布娄充气沙发

3. 后现代主义

20 世纪 60 年代，西方资本主义文明飞速发展，经济空前繁荣，社会政局处于和平状态，从而衍生出多种生活方式，人们的精神需求日益突出，在这样的社会背景下，后现代主义设计诞生了。图 1-47 所示为“玛丽莲”椅子（矶崎新，1973 年）。这一时期的设计师否定了现代主义的设计原则，极其强调设计中的艺术特征，力图使设计成为一门边缘性学科，追求造型及装饰简洁，表现多样化的设计风格。安德勒・伯兰滋曾说过：“我们对产品的选择受到我们记忆和联想、我们的愿望和我们朋友的影响，也受到我们在电视和博物馆中所看到的东西的影响”。这一时期的艺术设计极其强调色彩的美学价值，而且比以往任何一个时期的艺术家都注重科学技术和新材料运用，使得设计向着更加客观化方向发展，追求“功能第一，形式第二”，使现代设计的核心目的更加明确。

另外，后现代主义比现代主义更加注重作品所表达的内涵，正如杜尚所说：“以往的艺术是针对视网膜，我的艺术是针对思想的”。后现代主义更具有包容性，它集传统文化和现代文化于一身，“富有戏剧性，灵活、幽默，讲求怪诞”。

图 1-47　“玛丽莲”椅子

4. 新现代主义

20 世纪 60 年代，随着经济迅猛发展，商业机构和办公室剧增，对工业设计产品的需求也越来越大，为了体现出商界的秩序和效率，冷漠、正规和中性的新现代主义设计特征在一些国家和地区大行其道。它追求几何形式构图和机器风格的艺术风格，并给现代主义加入了新的简单形式的象征意义。总体来说，它属于现代主义的延续。新现代主义风格影响巨大，它是在混乱的后现代主义之后的一个回归过程，具有其独特的风格。图 1-48 所示为 OMK 设计的圆桌和可叠放椅。

图 1-48　OMK 设计的圆桌和可叠放椅

5. 高科技风格

20 世纪 50 年代以来，以电子工业为代表的高科技迅速发展，并推动了“高科技风格”这种肯定科学技术之美并运用高科技技术结构、加工手段和现代工业材料突出工业化象征的设计风格的产生。高科技风格源于 20 世纪 20—30 年代的机器美学，它不仅在设计中采用高新技术，在美学上也鼓吹表现新技术，并将这种风格引入家庭产品和住宅上。高科技风格包含两个不同的含义：一是技术性的风格，强调工业技术的特征；二是高品位的风格，成为上层人的特定所有。它把现代主义设计中的技术成分提炼出来，加以夸张处理，形成一种符号的效果，把工业技术风格变为一种高商业流行风格。给予工业结构、工业构造、机构部件以美学价值，是高科技风格的核心内容。另外，高科技风格是与新现代主义平行发展的，最终二者走到了一起。图 1-49 所示为普瑞玛“钢管椅”（马里奥 · 博塔，1982 年）。

图 1-49　普瑞玛“钢管椅”

6. 解构主义

20 世纪 80 年代，解构主义这种重视个体和部件本身，反对总体统一的设计思想开始流行。解构主义认为个体构件是重要的，对单独个体的研究比对于整体结构的研究更重要，这种观点与同样重视结构要素研究的构成主义正好相反。解构主义的形式实质是对结构主义的破坏和分解，反对现代主义和国际主义建立的正统原则和正统标准，有很大的随意性、个人性特点。虽然解构主义作品都貌似零乱，但是其内在的结构因素和总体性考虑都具备高度理性化特点，对工业设计也产生了一定的影响。图 1-50 所示为德国设计师英戈 · 莫端尔设计的“波卡米塞里亚”吊灯。

图 1-50　“波卡米塞里亚”吊灯

7. 绿色设计

到了 20 世纪 90 年代，虽然工业设计的新潮风格走向了尽头，但是仍在理论上得到突破。由于近现代工业生产在满足人们生活需求的同时也对地球环境和自然资源造成了巨大的破坏，不少设计师开始探索在“人—社会—环境”之间建立起一种可持续发展的机制，这是社会道德和责任心的回归，也促使绿色设计的概念应运而生，并成为当代工业设计发展的主要趋势之一。绿色设计在设计过程中要考虑人与自然的关系和环境效益，尽量减少对环境的破坏、对能源的消耗以及有害物质的排放，还要考虑延长产品及部件的使用寿命、回收和循环利用等方面的问题。如图 1-51 所示，这款艾伦椅是威廉・施托普夫和唐纳德・查得维克结合人体工程学，使用可回收和耐用材料制造的办公椅，这把椅子易于拆卸和更换，超过 90% 的材料都可以自然降解或再利用，是绿色可持续发展设计的典型产品。

图 1-51　艾伦椅

CHAPTER TWO

第二章 产品设计的程序与方法

产品设计是一个创造性的综合信息处理过程，通过多种元素（如线条、符号、数字、色彩）的组合把产品的形状以平面或立体的形式展现出来。产品设计是将人的某种目的或需要转换为一个具体的物理或工具的过程，是把一种计划、规划、设想、问题解决的方法，通过具体的操作，以理想的形式表达出来的过程。产品设计的范围十分宽泛，大到飞机、汽车等交通工具，小到个人用品中的手机、眼镜等，几乎涵盖所有物质性人造物品。

从产品设计任务到具体真实的产品，究竟应该如何去做？像所有的创造程序一样，设计程序也是一个解决问题的程序。

第一节 产品设计的类型与程序

一、产品设计类型

1. 改良设计

产品改良设计是对原有传统的产品进行优化、充实和改进的再开发设计。产品改良设计应该从考察、分析与认识现有产品的基础平台为出发点，对产品的“缺点”“优点”进行客观的、全面的分析判断，并对产品过去、现在与将来的使用环境与使用条件进行区别分析。产品改良设计是在保持原有产品生产工艺和功能基本不变的前提下，在产品外观、造型以及功能方面，对产品的局部做适当调整，使得产品能够适应人们生活的需要。

（1）产品改良的内容。

①功能改良。产品的功能是指满足消费者使用需求和心理需求的特征，通俗地讲就是产品具有的用途。产品改良设计是一种针对人潜在需求的设计，是创新设计的重要组成部分，是工业设计师研究的重要课题。

乌克兰人 Johan De Broyer 发明了一种能重新密封的易拉罐，如图2-1所示，其原理并不复杂，就是多了个夹层，打开易拉罐，里面的可乐、啤酒喝不完的时候，可以把拉环转 180°，拉环带动夹层旋转，打开的罐口就重新盖上了，这种易拉罐有很好的气密性和水密性，能防蚊、防蝇、防臭虫、防灰、防土、防唾沫等。

②外观改良。产品外观设计是指“对产品的形状、图案、色彩或者其结合所做出的富有美感并适于工业上应用的新设计”。产品外观改良是基于美学欣赏观念而进行款式、外观及形态的改良，形成新规格、新花色的产品，从而刺激消费者，引起新的需求。外观改良是企业产品生产策略中很重要的一个内容。

图 2-1 易拉罐改良

③人机交互改良。人机交互改良包括人机因素调整、界面完善等方面的工作。其具体用户的工作方式可以通过市场调研、用户反馈、机器分析等方法进行改良和完善。人机交互方面的改良设计以用户为中心，以满足使用者的操作习惯和使用心理为目的，在企业产品策略中处于一个重要的位置。

（2）产品改良的工作方法。对于改良性产品，运用设计方法的核心为缺点列举法，即当发现了现有事物设计的缺点，就可以找出改良方案进行创造发明。工业设计中的改良性产品设计就是设计人员、销售人员及用户根据现有产品存在的不足所做的改进。

①添加法。即在产品表面添加内容，从而达到提升产品质感，产生差异，达到改良产品的要求，这样能在增加少量成本的前提下，修正少量功能，也给消费者焕然一新的感觉。

②减少法。即在产品表面进行减少操作的方法，通过表面进行细微的挖空或者分割操作，使产品表面细节更加丰富。正是这样的细节操作，一方面符合差异化的改良产品要求，另一方面使产品显得更加细致、成熟。

2. 开发设计

产品开发是针对产品创新活动所组织并开展的具有战略意义的系统化实施行为，是将产品创新中的市场概念、设计概念、制造概念等无形资产转化为有形资产（即产品），并通过产品创造商业价值的过程。产品开发设计是针对人们新生活方式的设计，是在产品的工作原理、技术结构不明确的情况下，针对市场需求进行的一种具有前瞻性和创造性的探索性工作。

产品开发设计的类型如下：

（1）需求驱动型。需求驱动型产品开发设计是给予特定消费群体的竞赛及物质需求的满足而展开的创新设计活动，其核心是消费者需求的研究及创新解决方案的形成与确定。开发团队要做好充分的设计前期调查工作，明确市场需求，才能获得成功。需要说明的是，开发团队应该具有可持续发展的长远目光，在开发产品时应考虑到环境、社会影响力、资源等因素。

（2）技术驱动型。技术驱动型产品开发设计是指企业或设计机构拥有一项新技术，由此寻找该技术的适合市场的产品创新设计活动，其核心是技术的商品化应用设计。从新技术的诞生到批量生产应用有一个过程，在产品可行性分析、商业分析、原理设计以及生产测试环节会消耗大量人力物力，因此产品开发周期会随技术的成熟度而长短不一。技术驱动型产品开发具有一定的冒险性，因此在产品开发过程中，可以通过考虑此新技术并非唯一技术支持的方法进行开发构思，得出多种方案的概念，最后证明采用此项新技术的概念优于其他备选概念，由此可以降低产品开发的风险。

（3）竞争驱动型。竞争驱动型产品开发设计是基于市场竞争的需要，在现有商品的基础上展开的针对性设计活动，其一般体现在产品功能的优化与增加、材料的改变与性能提升、形态与款式的美化以及面向消费群体的产品细分以及差异化设计等方面。其核心是市场的区分、产品定位与产品的对应设计。竞争驱动型产品开发周期相对较短。

3. 概念设计

概念设计是由分析用户需求到生成概念产品的一系列有序的、可组织的、有目标的设计活动，它表现为一个由粗到精、由模糊到清晰、由抽象到具体的不断进化的过程。不同于现实中真实的产品，概念产品的设计往往具有一定的超前性，是一种着眼于未来的开发性构思。它不考虑现有的生活水平、技术和材料，而是在设计师预见能力所能达到的范围来考虑未来的产品形态，如图 2-2、图 2-3 所示。概念设计是一种开发性的构思，是着眼于未来、从根本概念出发的设计。概念设计在产品开发的前期要对即将进入市场的新产品、新技术、新设计进行全方位的验证，提出新的功能和创意，探索解决问题的方案，并为将来新产品的设计、生产、广告宣传和上市销售做好充分准备。

图 2-2 未来球形概念代步车

图 2-3 未来概念代步车

概念设计的特点：具有一定的超前性，产品的外观造型风格比较前卫，同时相比于市场上现有的同类产品技术先进很多。

（1）概念设计的三个阶段。

①产品功能的概念化。在概念产品设计前期，将产品的功能划分、市场定位、目标客户、价格区间等概念，用文字或草图的形式确定下来。产品功能的概念化是设计师在概念设计中最艰巨的任务。

产品功能概念化的实质就是要提出问题，即在解决问题之前首先弄清目前存在哪些问题，有什么问题需要在设计中解决，找出构成这些问题的主要因素，提出解决问题的设想和方案，这样才能准确地把握将要做的产品概念设计的风格与形式。

②产品概念的可视化。即把文字和草图形式的产品概念定义，通过图样与样机模型转化为更直观、更容易被普通人所理解的可视化形态，也就是把设计概念具象化地表现出来，使原来“无形”的概念成为“有形”的概念产品。这些概念设计图样或模型可以用于企业各部门在开发过程中的协调与沟通，也可用来征求目标客户和企业内部生产与销售等部门的意见，经过对各方面意见的收集与研讨，最终得到的结论可以作为一个产品设计定型的决策依据。

③概念产品的商品化。概念设计的商品化是一个对概念产品再设计的过程，就是把一个富有创意的概念设计转化为真正的商品，在概念设计的前期，人们对创新的期待与需求赋予了设计师很大的自由创作空间，而在概念设计商品化的过程中，设计师往往不得不对原来的概念产品设计进行必要的修改，把一个概念产品变成具有市场竞争力的商品，并大批量生产和销售。工业设计师必须与结构设计师、市场销售人员密切配合，对他们提出的设计中一些不切实际的创意进行修改。对于概念设计中具

有可行性的设计成果也要敢于坚持自己的意见，只有这样才能把设计中的创新优势充分发挥出来。

（2）概念设计的作用。概念设计的最主要作用在于产品设计的创新，如果没有新的创意，概念设计也就失去了它的意义。一个合格的工业设计师在进行产品造型设计之前都会对自己将要设计的产品设定一个新的产品概念的定义，这个新的产品概念定义一般都会包含比较大的范围，其目的是使设计师的思维在产品设计初期的创意设计阶段不受过多束缚，从而使设计更加具有新意。

概念设计的最终目的就是概念产品的商品化，绝大部分概念设计是为产品的正式生产和销售做好前期的准备工作。

二、产品设计程序

工业产品的种类很多，产品的差异性和复杂程度也相差很大，每一个设计过程都是一种解决问题的过程，更是一种创造的过程。成功地开发设计一件好产品，除了要有合格的工业设计师，用正确的设计观和设计思想来指导设计工作以外，还需要有一个与之相适应的、科学的、合理的设计工作程序。产品设计程序是为了实现某一设计目的，而对整个设计活动的策划安排。产品设计程序是依照一定的科学规律合理安排的工作步骤，每个步骤都有着自身要达到的目的，各个步骤的目的集合起来实现整体的目的。如何使设计合作的框架一体化，从而设计出高质量的、深思熟虑的产品，即达到了产品设计程序的目的。

由于产品设计所涉及的范围非常广泛，企业对设计工作的要求也不尽相同，加上一些因素的影响，将导致产品工作程序有所不同。尽管如此，产品设计整个过程中有一定的规律性。因此，不同产品的设计过程具有时间顺序的一般模式，即相同的设计流程，设计者可以根据产品的特点和当时的具体情况灵活掌握。

企业的新产品开发程序各有特色，即使是在同一企业也未必采用相同的流程，但一般来说，大多会采用图 2-4 所示的产品开发流程。

当承接到一项新产品设计任务时，不要急于动手做设计，即使是在时间紧张的情况下。产品设计的前期工作虽然花时间、耗精力，但却是影响最终设计成败的关键阶段。

1. 接受项目、制订计划

无论是产品改良设计还是产品开发设计，客户在寻求工业设计师的帮助前，都有自己的设计意图和目的。绝大多数情况下，客户对自己的产品会有较深入的思考，大部分要求是合情合理的，但是也不乏会由于业主成分比较复杂，或因教育程度、专业程度不同，层次水平不等等原因，有的客户的要求也不尽合理，作为设计方，一定要耐心引导，并给予充分的尊重。此时，设计师与客户的交流、沟通就显得尤为重要。

产品设计的每一个阶段，问题的侧重点和时间安排都是不一样的。因此，需要制定一个相对缜密的时间进度表。一方面是根

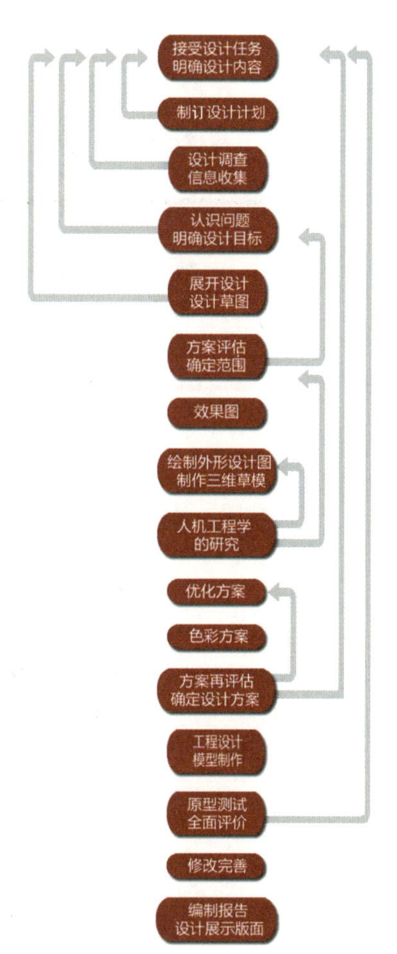

图 2-4 产品开发流程

据业主的时间要求，有助于业主统筹安排生产计划和销售计划，另一方面对设计师也起到一个约束和提示的作用。

时间进度表的设计制作要求是清晰、易读、一目了然，如图 2-5 所示。

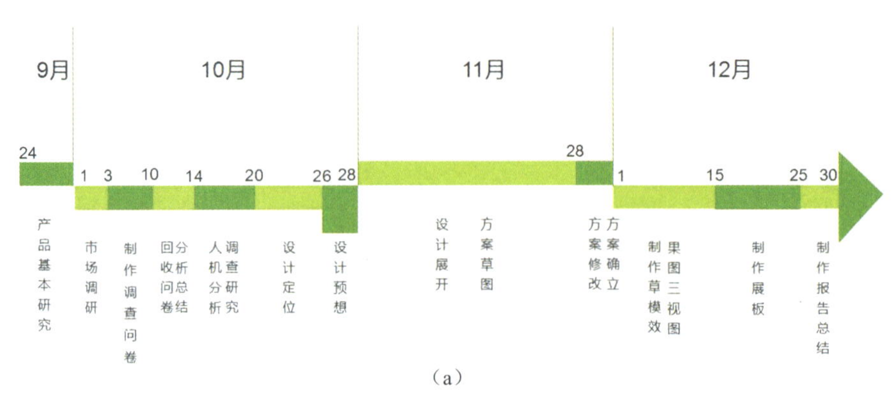

（a）

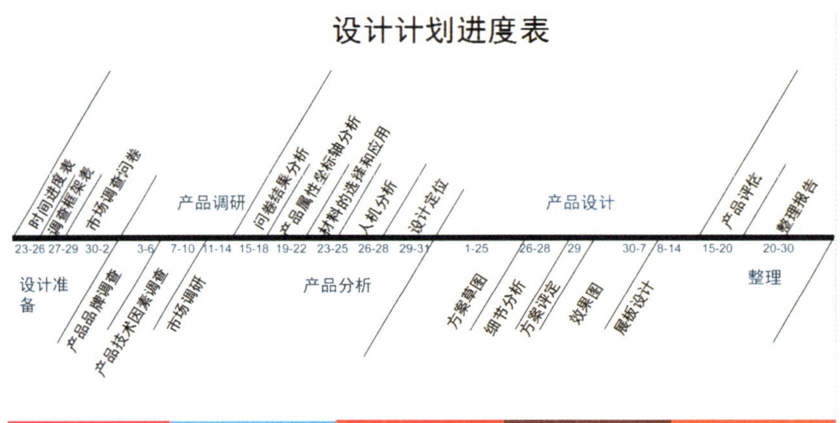

（b）

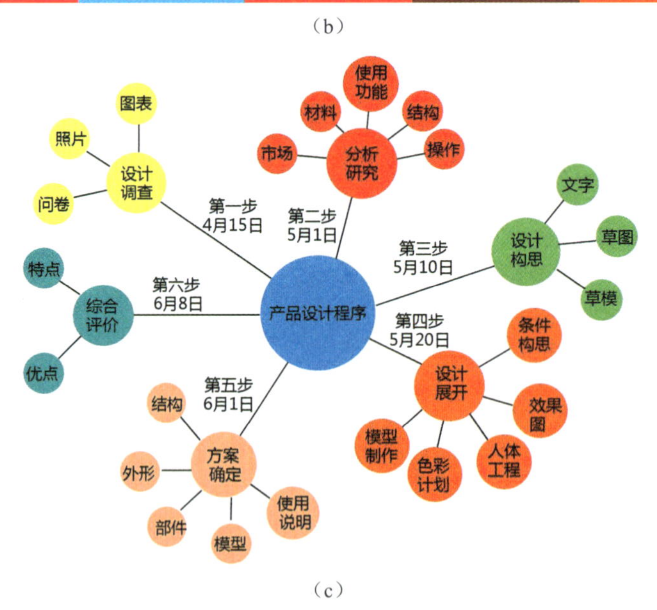

（c）

图 2-5　时间进度表

制定时间进度表注意要点：

（1）明确该设计自始至终所需要的每个环节。

（2）弄清每个环节工作的目的和手段。

（3）理解每个环节之间的相互关系及作用。

（4）估计每一环节工作所需的实际时间。

（5）明确设计内容，掌握设计目的。

（6）认识整个设计过程的要点和难点。

当设计师接受一项设计任务时，设计的成功与失败就开始了。

2. 市场调研、寻找问题

市场调研是指运用科学的方法，有目的地、系统地搜集、记录、整理有关产品营销的信息和资料，分析产品情况，了解产品现状及其发展趋势，为产品预测和营销决策提供客观、正确的资料。任何设计项目的展开都离不开最基本的调研分析，其目的是掌握市场趋势，了解竞争状况。

一件成功的设计作品的诞生，要从社会和市场的角度出发，秉承以人为本的设计理念，从市场调研开始。也就是说，设计项目是对市场同类产品认识基础上的方向性把握。在设计项目确定之初，一定要经过市场的产品调研与分析，判断此设计项目是否具有广阔的市场发展前景和适合本企业发展的因素，以避免在实施过程中产生项目重复，导致企业经济利益的损失和社会资源的浪费。

（1）市场调研的目的。

①定位产品。为了了解自己产品的市场竞争力以及发展方向，设计团队需要将市场上现有的各品牌产品，以消费者所关注的因素为坐标，调查国内外同类产品或近似产品的功能、结构、外观、价格和销售情况等，收集一切有关产品资料，掌握其结构和造型的基本特征，确定其市场定位。

②分析对象。即了解客户对产品的需求，这种需求通常包括：顾客对各种款式产品的喜爱程度和购买率，顾客在购买某种产品时的动机、原因和心理；顾客选购某种产品的标准、条件和具体要求；顾客对想购买产品的造型提出自己的看法等。

③研究同类产品。通过此项研究可以了解各类产品被消费者接受的程度，配合以上定位即可大概了解消费者的需求趋势。

通过品种的调研，明确同类产品市场销售情况、流行情况，以及市场对新品种的要求；了解现有产品的内在质量、外在质量所存在的问题，消费者不同年龄组的购买力，不同年龄组对造型的喜好程度，不同地区消费者对造型的好恶程度；掌握竞争对手的产品策略与设计方向，包括品种、质量、价格、技术服务等。同时，对国外有关期刊、资料所反映的同类产品的生产销售、造型以及产品的发展趋势的资料也要尽可能地收集。

（2）市场调研的方法。市场调研有很多方法，下面介绍几种常用的方法。

①访问法。访问法又称询问法，是调查人员以访谈、询问的方式向被调查者了解市场情况的一般方法。询问的方式一般有面谈、电话询问、书面询问、网上询问。

访谈有正式的，也有非正式的；有逐一采访询问的，也可以开小型座谈会，进行团体访问。访谈的最佳地点是用户的工作环境或家里，在这些他们熟悉的地方，用户能够比较从容地谈论自己的活动。访谈中问题的设计十分关键，好的设计问题不仅能够获取关键的、真实的信息，而且能够激发被访谈者的积极性。在访谈过程中，尽管谈话者和听话者的角色经常在交换，但归根结底，设计师是听者、记录者，受访人是谈话者、表述者。设计师可向特定的用户提一组问题，根据用户的回答进行分析和判断，获取有价值的信息。

②观察法。观察法是指调查者在一定理论指导下，根据一定的目的，用人的感觉器官或借助一定的观察仪器和观察技术，在被调查者未察觉的情况下，对社会生活中人们的行为进行观察来搜集资料的一种方法。

观察的主要目的是了解用户的行动特征；发现用户的出错操作；认识用户的使用负担，如在操作、界面认知和体力上带给使用者的困扰。

观察法应注意的要点：

a. 既要观察有经验的使用者，同时也要观察那些无经验的使用者在使用物品时的行为。

b. 观察哪些是影响使用者的设计因素。

c. 对使用者的某些习惯、行为进行观察、分析。

d. 观察哪些是使用者在操作时容易发生失误、受伤或引起不舒服的因素。

③问卷法。问卷法是从个体对一些问题的回答中收集各种信息的一种调查方法，重在对个人意见、态度和兴趣的调查。问卷调查可以分为纸质问卷调查和网络问卷调查两种。纸质问卷调查就是传统的问卷调查，以书面印刷形式将问题呈现出来，回答可以写在调查问卷上或另外写在一张单独的答题纸上。现在则流行使用网络问卷调查，网络上有一些专门的问卷平台。

问卷是为了搜集人们对某个特定问题的态度、观点或者信念等信息而设计的一系列问题，问卷的形式是一份经过精心设计的问题表格，用途在于调查人们的态度、行为等特征。

（3）市场调研要考虑的问题：

①确定情报搜集的内容范围。

②确定情报搜集的来源。

③确定情报提供的时间。

④确定情报搜集的方法。

⑤确定情报搜集人。

调研框架表如图 2-6 所示。

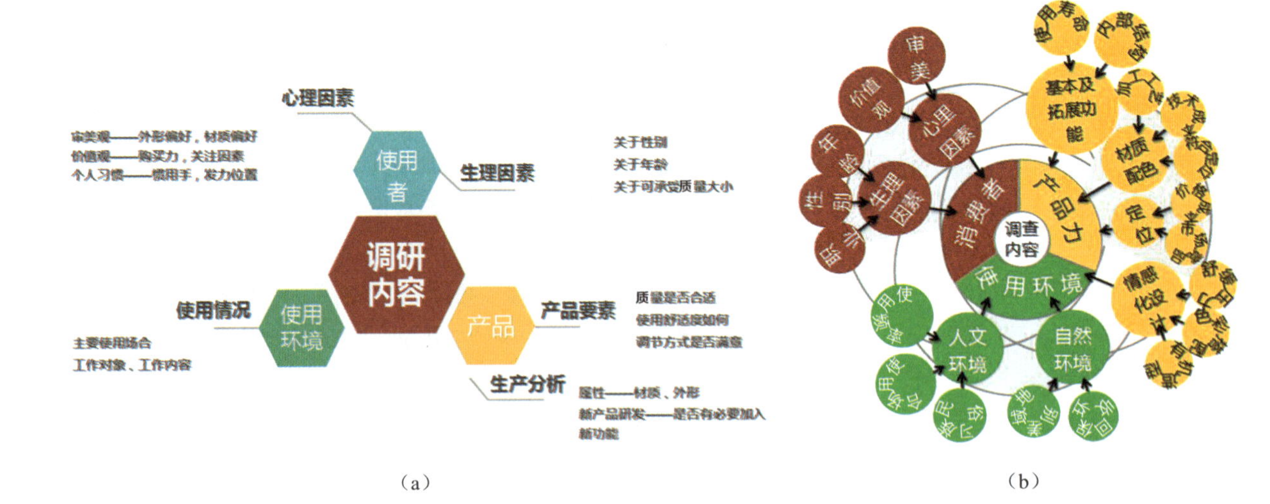

（a）　　（b）

图 2-6　调研框架表

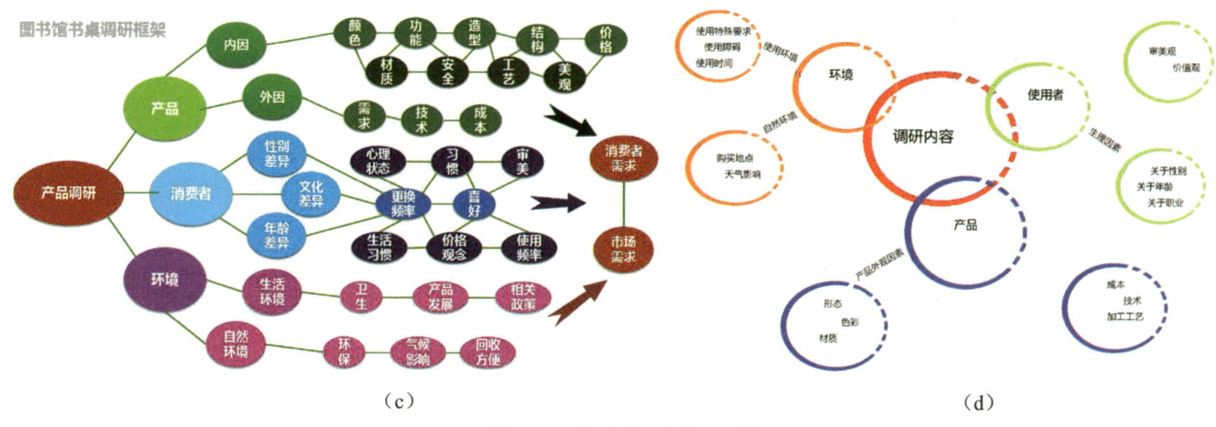

（c）　　　　　　　　（d）

图 2-6　调研框架表（续）

3. 产品设计定位

产品设计定位是设计师在正式开始设计之前提出问题和分析问题的一个过程。任何企业中的产品设计都是有限制的设计，这个限制的条件就是设计定位。产品设计定位是指企业要设计一个什么样的产品，它的目标客户群是谁，为了满足目标客户的需求，它应该具有什么样的使用功能和造型特征等。产品设计定位的关键点是消费者，消费者的需求是一切设计的出发点和最终目的。设计的产品越接近消费者的需求，成功的概率就越大。

设计定位是在设计前期资讯搜集、整理、分析的基础上，综合一个具体产品的使用功能、材料、工艺、结构、尺度、造型、风格而形成的设计目标或设计方向，或者说是对于产品的形态、色彩、品质这些方面进行感觉上的描述——按照想象中生产出来的产品是什么样的来进行描述。

为什么市场上大概 70% 的新产品上市会遭遇失败？为什么只有 10% 的新产品有价值？为什么只有不到 1% 的新产品成为市场的领袖？原因其实很简单，是产品的设计思路出了问题，也就是设计定位出了问题。因此，在产品设计开始之前，一定要有确定的设计定位，否则设计师的思路就会因为不受限制而漫无边际，这样就会失去产品设计的方向和目标，设计师无法抓住产品设计中的主要矛盾、解决关键性的问题。所以，在做产品设计之前，一定要选择合适的目标市场进行有针对性的设计。产品设计定位是建立在对企业和目标市场进行详细的调研与分析之上的。错误的设计定位会使企业在技术、生产、品牌、销售上的优势得不到充分发挥，甚至会给企业带来很大损失，而准确确定设计定位会取得事半功倍的效果。产品设计定位的目的就是要做到精准设计，降低企业的风险，避免造成不必要的损失。

4. 设计构思、解决问题

有了设计概念，获取了大量调研资料后，设计工作将进入构思阶段。

爱因斯坦曾说过：“想象力比知识更重要，因为知识是有限的，而想象力概括着世界的一切，推动着进步，并且是知识进化的源泉。严格地说，想象力是科学研究中的实在因素。”在设计构思阶段，设计师应该应用丰富的想象力和发散思维对既有问题做出许多可能的解决方案的思考，而设计草图则是这种思考的二维表现形式和手段。

草图不是很随意地乱涂一气或者是很潦草的图，很多学生对于草图概念有误解。设计草图是设计师将自己的想法由抽象变为具象的一个十分重要的创造过程，它实现了抽象思考到图解思考的过渡，它是设计师对其设计的对象进行推敲理解的过程，也是在综合、展开、决定设计、综合结果阶

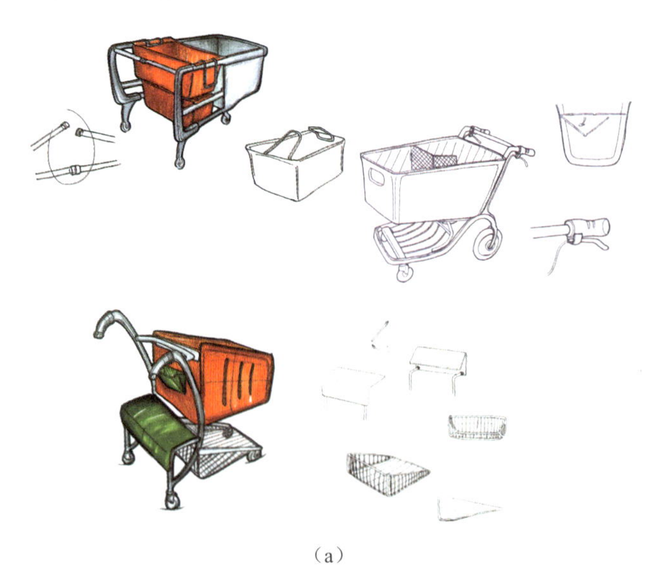

（a）

段有效的设计手段。草图是具体设计环节的第一步，是设计师分析、研究设计的一种方法。

从草图功能上可分为记录草图和思考类草图两种。

（1）记录草图。作为设计师收集资料和进行构思整理用的记录草图，一般十分清楚翔实，而且往往画些局部放大图，以记录一些比较特殊的结构或是形态。记录草图对拓宽设计师的思路和积累设计经验有着不可低估的作用，如图 2-7 所示。

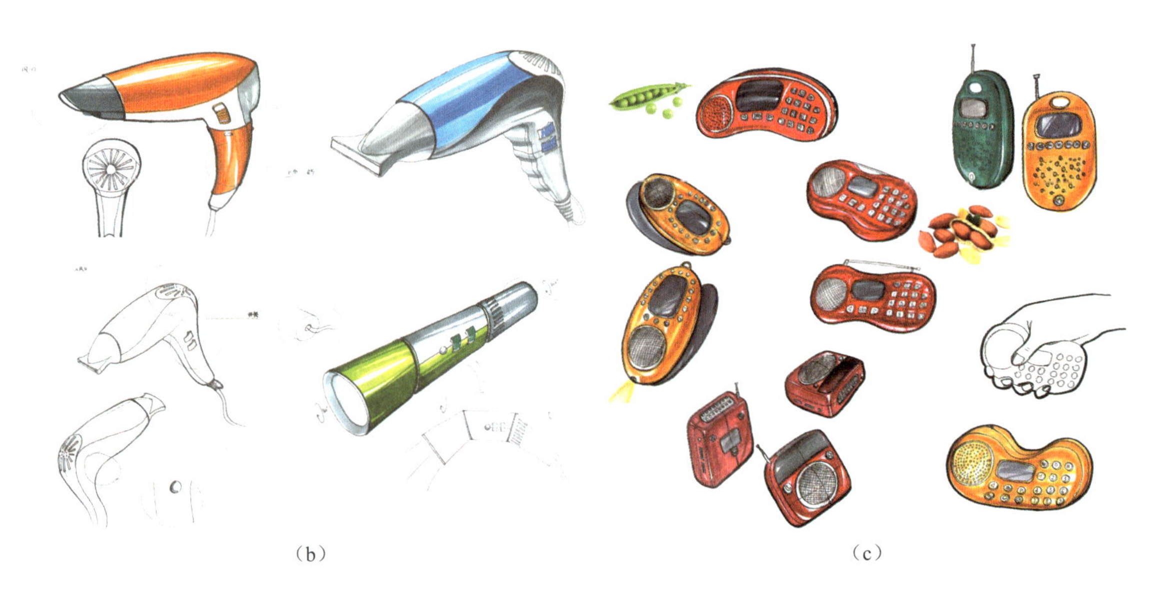

（b）　（c）

图 2-7　记录草图

（2）思考类草图。利用草图进行形象和结构的推敲，并将思考的过程表达出来，以便对设计师的构想进行再推敲和再构思，这类草图被称为思考类草图。思考类草图更加偏重于思考过程，一个形态的过渡和一个细小的结构往往都要经过一系列的构思和推敲，而这种推敲靠抽象的思维往往是不够的，要通过一系列的画面来辅助思考，如图 2-8 所示。

设计草图实际上是一种图示思维的设计方式，即把设计过程中有机的、偶发的灵感及对设计条件的“协调”过程，通过可视的图形将设计思考和思维意向记录下来，这也是设计者同设计伙伴和设计委托人之间交流信息的手段。设计草图的绘制无论在方法和尺度上都是多种多样的，往往在同一画面里既有透视图、平面图、剖面图，又有细部图，甚至有结构图，不必拘泥于一种形式的表现，如图 2-9 所示。

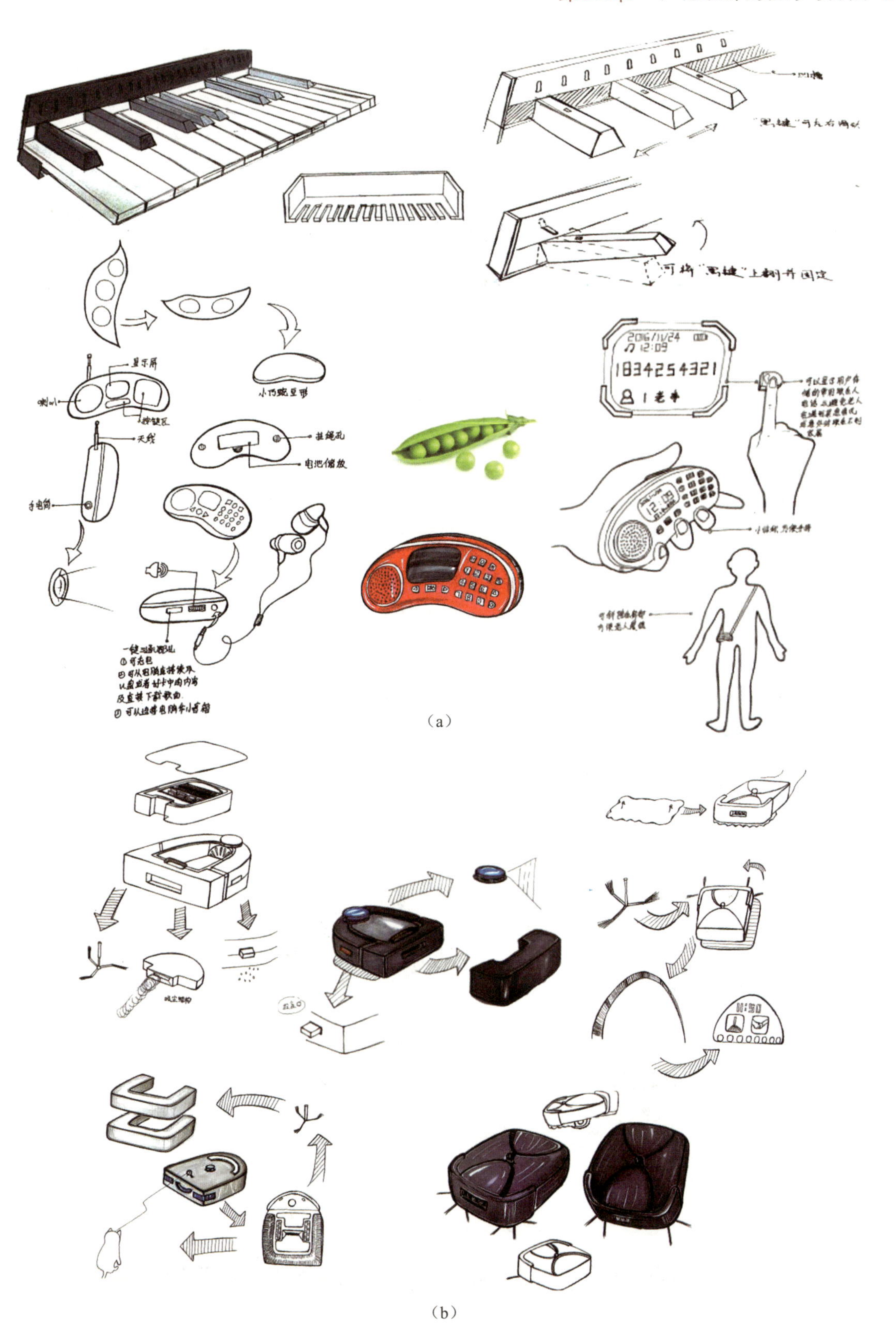

（a）

（b）

图 2-8 思考类草图

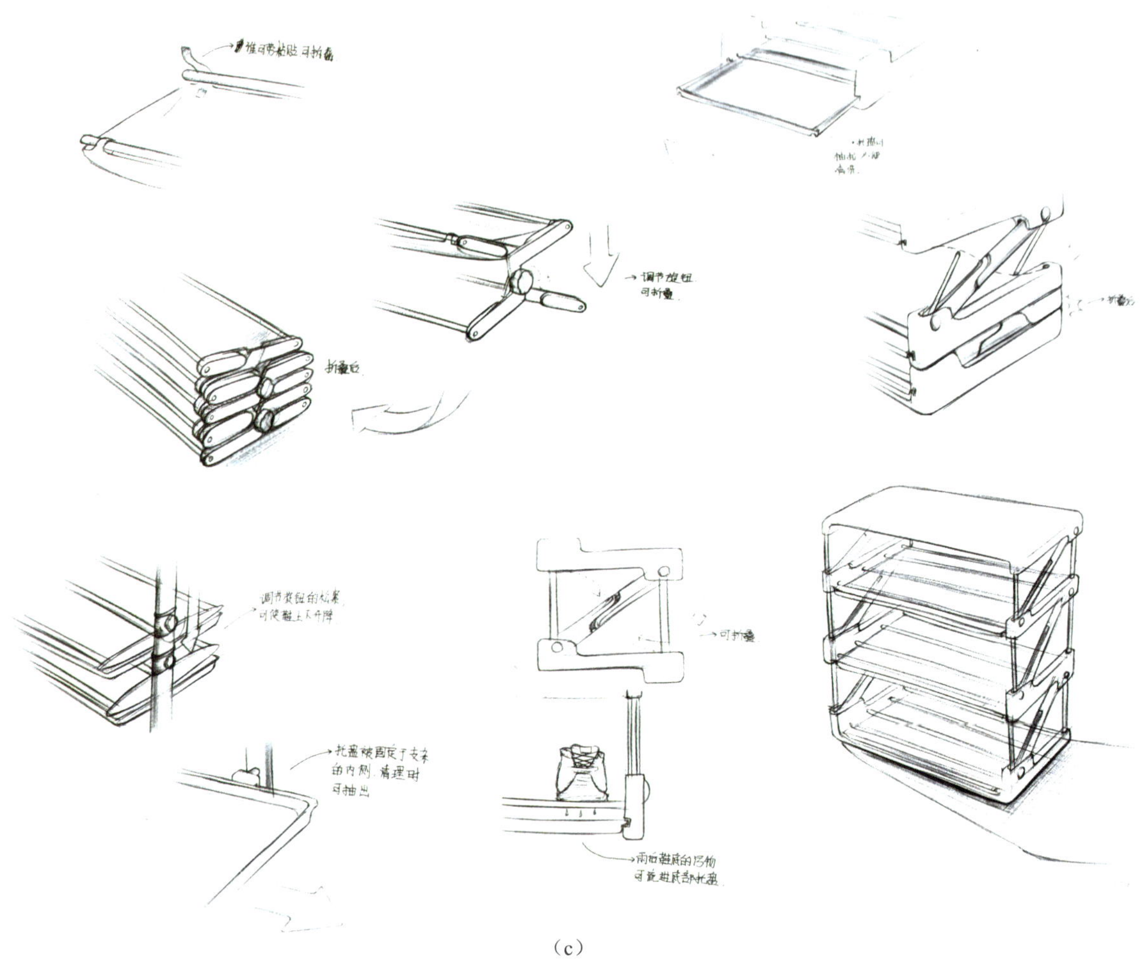

（c）

图 2-8　思考类草图（续）

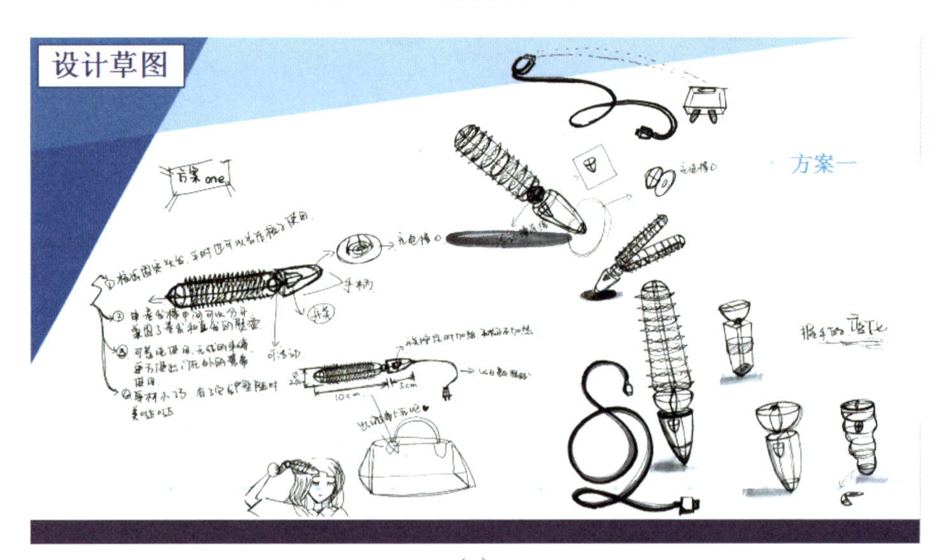

（a）

图 2-9　设计草图

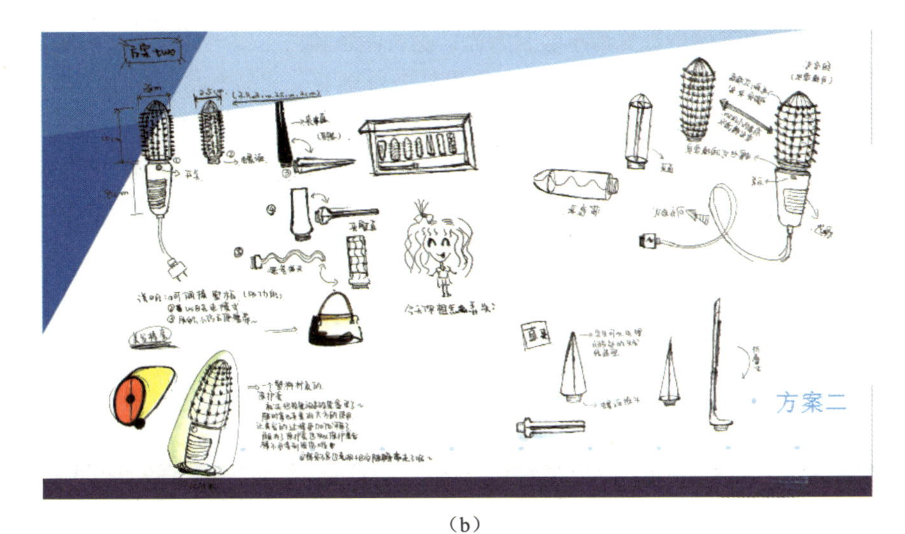

(b)

(c)

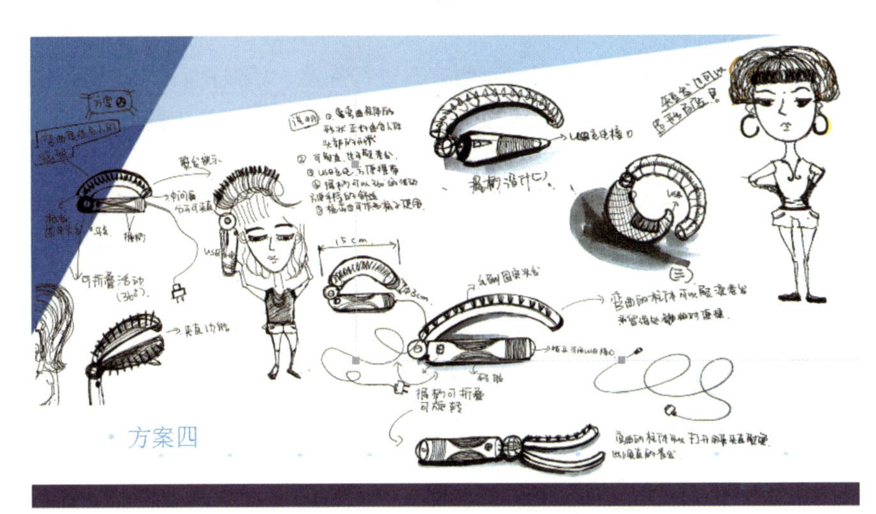

(d)

图2-9 设计草图(续)

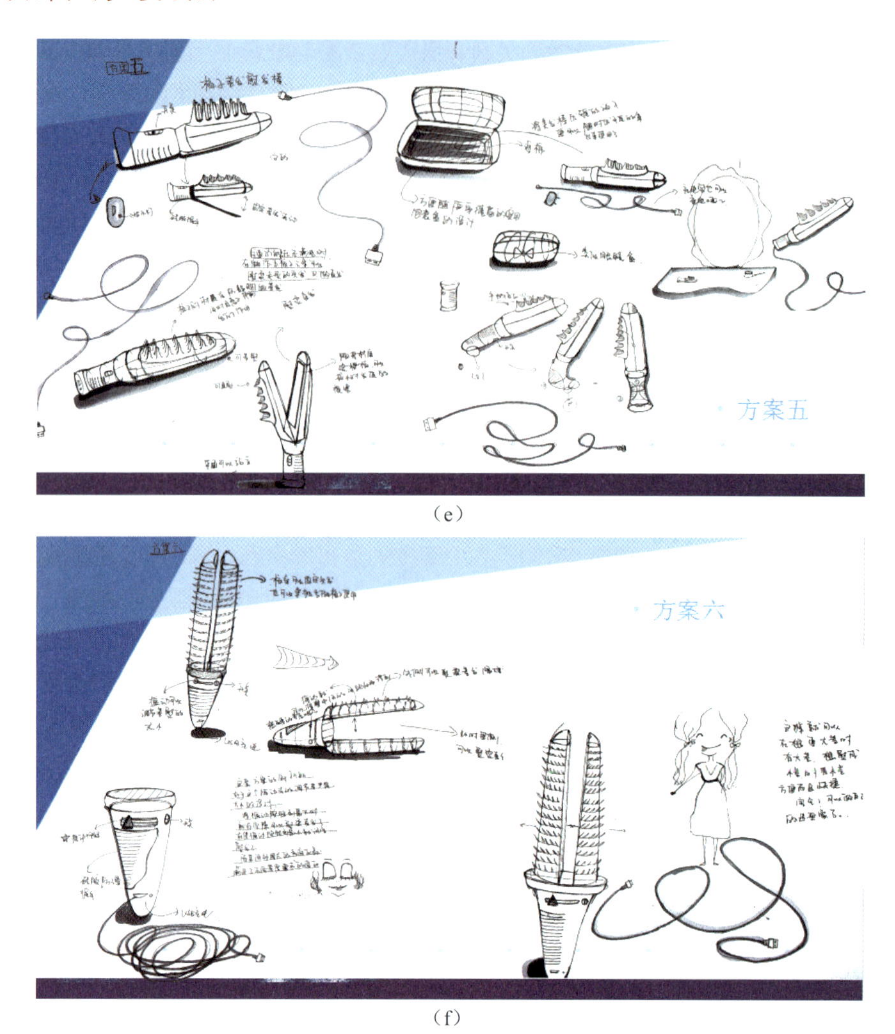

（e）

（f）

图2-9　设计草图（续）

5. 设计展开、方案评估

方案草图进行到一定程度后，必须对所有的方案进行筛选，筛选的目的是去掉那些明显没有发展前途的设计概念。保留的设计发展方向应宽一些，这样设计师可以集中精力对那些较有价值的设计概念做进一步的深入设计。

（1）评估原则。对设计概念的评估是一个连续的过程，应该始终贯穿在整个设计过程中，选择是评估的最终目的，要达到评估目的，首先要确立一个评估原则。一般从以下几个方面评估：①功能要素；②结构要素；③形态关系；④人机关系；⑤环境要素。

产品设计的范围很广，各种产品的使用功能、使用对象、要求特征等情况都存在着差异化，因此在对不同的产品设计概念进行评估与选择时，其具体内容和侧重点也会有所不同。

德国博朗（Braun）公司曾经以“什么是优秀的设计”为题，发表了十点主张，并作为公司的基本设计政策。

①优秀的设计是创造一种新的活动行为规则，而不是单纯从原来的造型中加以变化。（创新的）

②优秀的设计努力使制品成为消费者的朋友。只有当制品能使消费者的种种要求得到满足时，才能被认为是一种好的设计。（实用的）

③优秀的设计是一种美的设计。在制品中永远保持均匀感、稳定感与简练的美感是布劳恩制品的重要特征。（有美学设想的）

④优秀的设计能使制品变得容易接受。通过设计将制品的用途、用法、效果及公共价值准确无误地告诉消费者。所有具有新功能、新规定的产品必须具有通俗易懂的操作说明书。（易被理解的）

⑤优秀的设计是谨慎的设计。制品不同于艺术品，艺术品只是与消费者在精神上发生关系，而制品与消费者会在较长一段时间内发生直接交往，因此必须谨慎设计，给消费者在使用制品时留有自我表现的余地。（毫无妨碍的）

⑥优秀的设计是正直的设计。利用设计手段使制品提高价格，但没有实质革新是对消费者不负责任的行为。为了防止这种情况的产生，设计师必须以自己的良知和对消费者的敬意为杠杆进行设计。（诚实的）

⑦优秀的设计能够保证制品在较长时间内具有生命力。设计在延长制品寿命方面的贡献将直接关系到自然资源的有效利用。（耐久的）

⑧优秀的设计无论从哪方面观察都是极其完整的，尤其是作为制品细节的造型与功能，其重要性不能被忽视。（关心到最细部的）

⑨优秀的设计是环境保护的有力武器。从节约原料、能源等方面考虑固然十分重要，但与防止大气层、水的污染相同，防止视觉和环境的污染也是保证人类合理生活的重要方面。（符合生态要求的）

⑩优秀的设计应突出制品的重要功能而排除其非重要部分，使消费者能回归到简洁、洗练的生活之中。（尽可能少的）

雷达图用于同时对多个指标的对比分析和对同一个指标在不同时期的变化进行分析。其优点是直观、易操作；其缺点是当参加评价的对象较多时，很难给出综合评价的排序结果。在进行方案筛选评估的时候可以应用雷达图分析法，如图 2-10 所示。

（2）评估方法。

①根据评估原则，设定评定标准中的每一项满分为 5 分。各项围成的面积越大则该方案的综合评定指数越高，也可把各方案中高分的因素提取重新组合。

②在评估过程中，也可就产品的某些局部单独做多项设计。

③也可根据其中某一项设计要求，做多种方案，如图 2-11 所示。

设计概念通过筛选后，设计师就可在较小的范围内将一些概念进一步深化、发展。

设计展开是进入设计各个专业方面，将构思方案转换为具体的形象，它是以分析、综合后所得出的能解决设计问题——初步设计方案为基础的。设计展开工作主要包括：基本功能设计，使用性设计，生产机能可行性设计即功能、形态、色彩、质地、材料、加工、结构等方面。

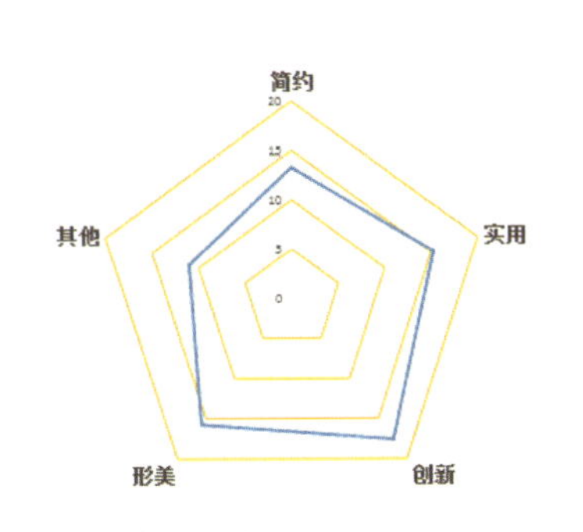

图 2-10　雷达图

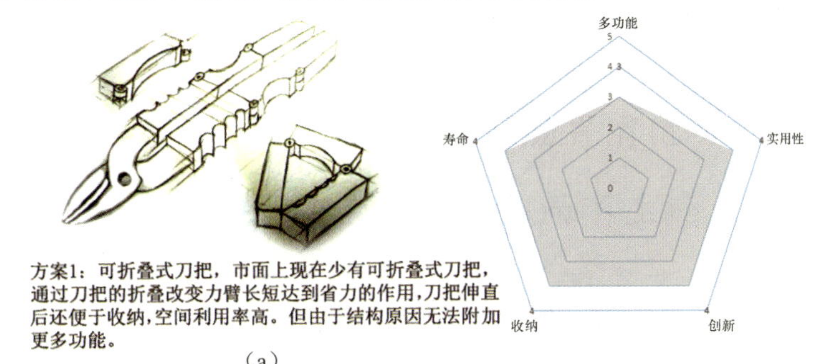

图 2-11　剪刀方案评估

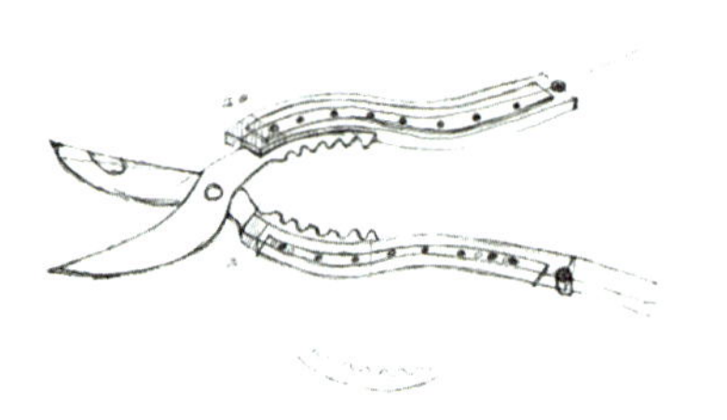

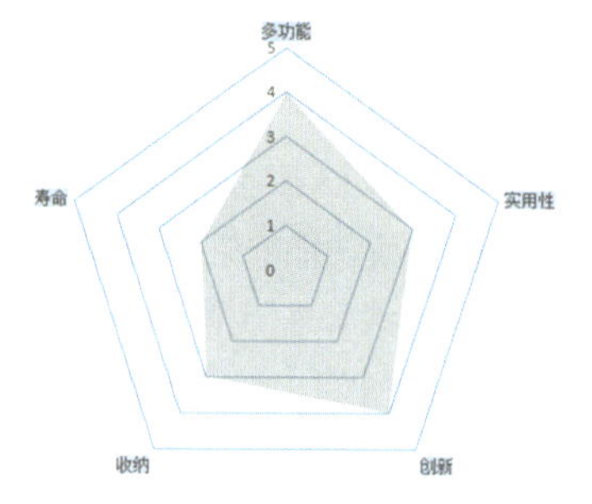

方案2：用另一种方式改变刀把长短，但使用局限性很高，可以附加更多功能，可以说是针对厨房的一款剪刀。

（b）

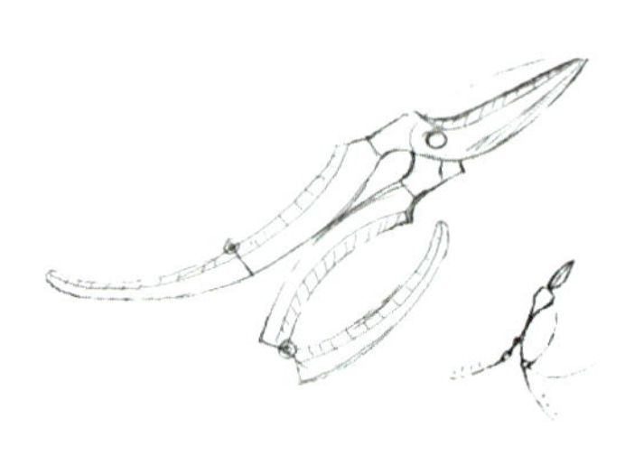

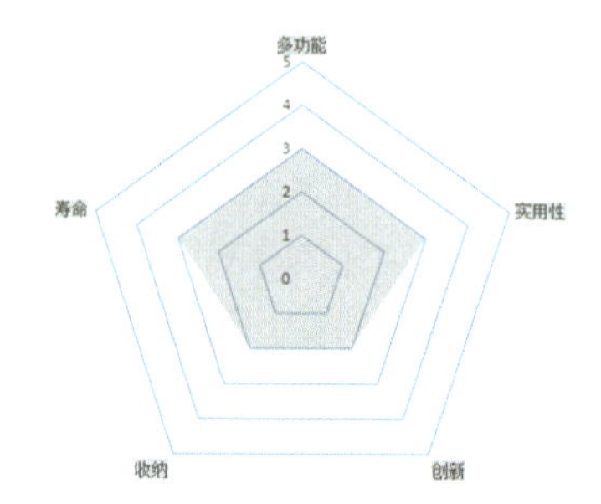

方案3：弧形可折叠刀把，使用时舒适性较好，可握可钳，但由于结构原因空间利用率比较低，可作为日常用剪。

（c）

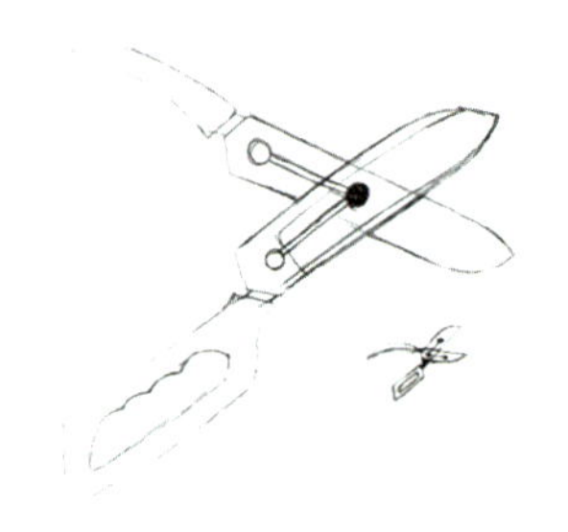

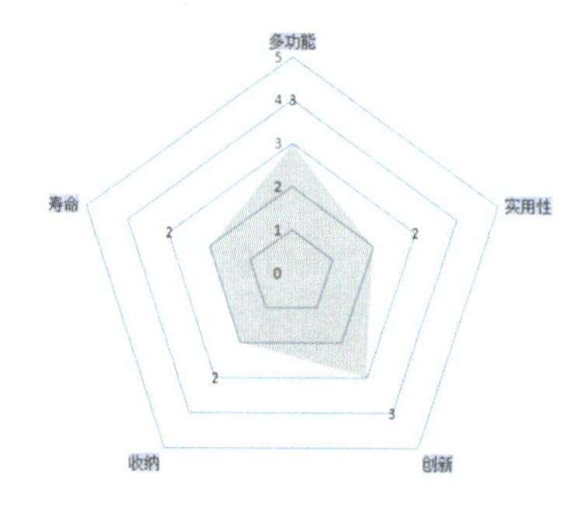

方案4：通过改变刀刃的使用长度来改变力臂，适合比较细微的操作，但使用局限性也比较大 。

（d）

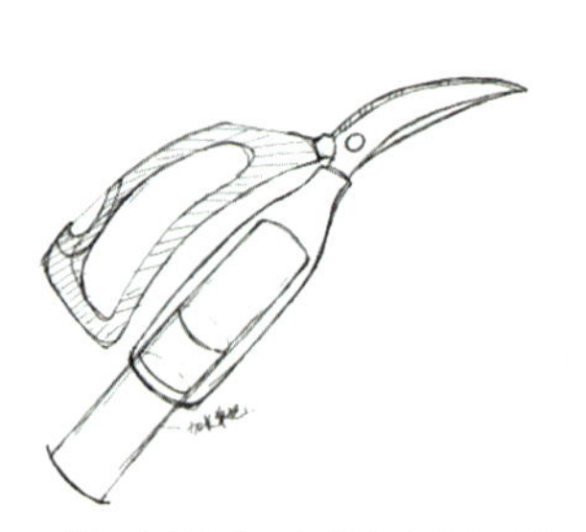

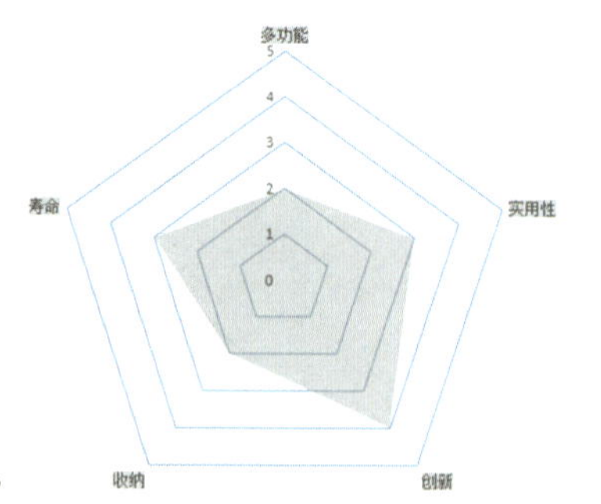

方案5：通过改变单边刀把的长度来帮助省力，结构简单，但需要强度更高的材料来制作，实用性不高。

（e）

图 2-11　剪刀方案评估（续）

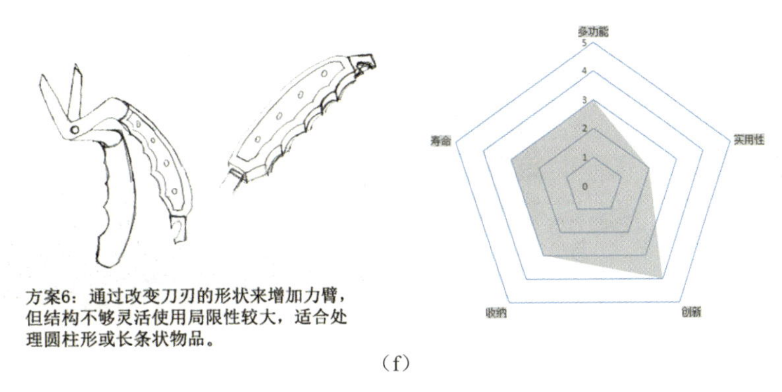

(f)

图 2-11　剪刀方案评估（续）

6. 效果图

设计进行到这一阶段，产品的基本功能、造型等已经基本确立，接下来的工作主要是进行细节的调整，同时要进行技术可行性设计研究。此时应该用较为正式的设计效果图给予表达，目的是直观地表现设计结果。

“效果图”一词本身从字面上来理解是通过图片等传媒来表达作品所需要以及预期要达到的效果。从现代来讲是指通过计算机三维仿真软件技术来模拟真实环境的高仿真虚拟图片，效果图的主要功能是将平面的图纸三维化、仿真化，通过高仿真的制作来检查设计方案的细微瑕疵或进行项目方案修改的推敲。

产品效果图是最能直观的、生动的表达设计意图，将设计意图以最直接的方式传达给观者的方法，表达程度接近完善和真实，从而使观者能够进一步的认识和肯定设计理念与设计思想。产品效果图是设计师必须精确掌握的一种设计语言。其根据类别和设计要求可分为方案效果图、展示效果图和三视效果图。

（1）方案效果图。此时，设计尚未成熟，主要以启发设计、提供交流、研讨方案为目的。此阶段可以通过手绘效果图进行表达，在色彩上也要准确地表现出构想产品的色彩关系，如图 2-12、图 2-13 所示。

图 2-12　设计表现：琚明海

图 2-13　设计表现：于佳慧

（2）展示效果图。展示效果图表现的设计已经较为成熟、完善，其表现的目的主要在于提供决策并在实施生产时作为依据，同时，也可用于新产品的宣传、介绍和推广。展示效果图对表现技巧要求最高，一般用计算机软件辅助完成。制作效果图时要求对设计的内容做较全面的、细致的表现，主要包括：产品的比例尺度、功能结构、材料工艺、色彩等产品的主要信息，此外还可根据需要描绘出特定的环境，以加强真实感和感染力，如图 2-14 ～图 2-18 所示。

（a）　　（b）

图 2-14　电热壶　设计：付雅娟

图 2-15　设计表现：崔伟

图 2-16　洗车机效果图　设计：于洋

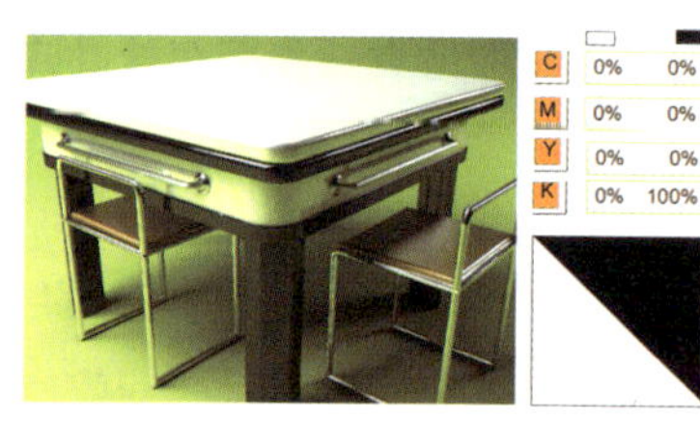

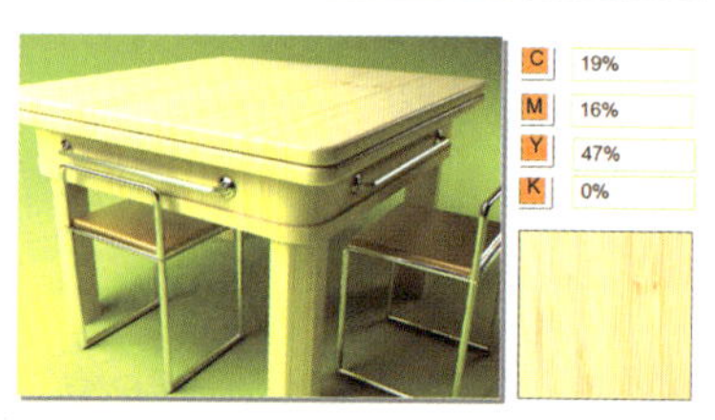

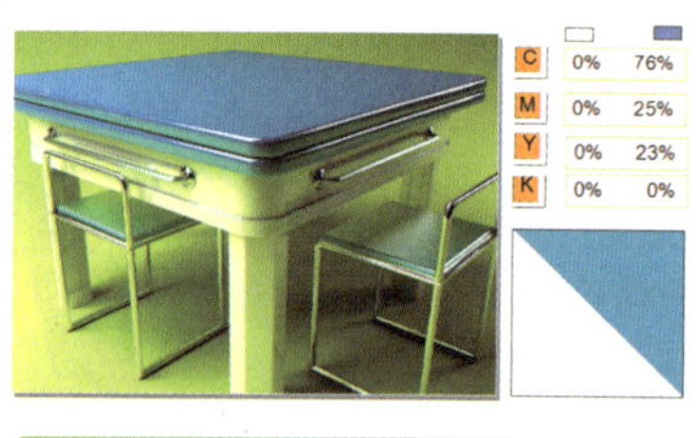

（a）　　（b）

图 2-17　色彩方案效果图　设计：黄琳琳

图 2-18　儿童益智玩具　设计：汤楚楚

（3）三视效果图。三视效果图是直接利用三视图来制作的，其特点是作图较为简便，不需要另外制作透视图，对立面的视觉效果反映最直接，尺寸、比例没有任何透视误差、变形。其缺点是表现面较窄，难以显示前几类效果图所表现的立体感和空间视觉形态，如图 2-19 所示。

7. 模型制作

在产品的外观造型设计完成以后，接下来要做的就是产品外壳的结构设计和绘制工程图。其目的是为下一步样机制作和后期的模具制造做好准备，具有立体感的分解说明图如图 2-20 所示，一般是指轴侧装配示意图。各种各样的日常生活用品的使用说明书中都有装配示意图，其中用图解说明各个构件，即产品爆炸图。

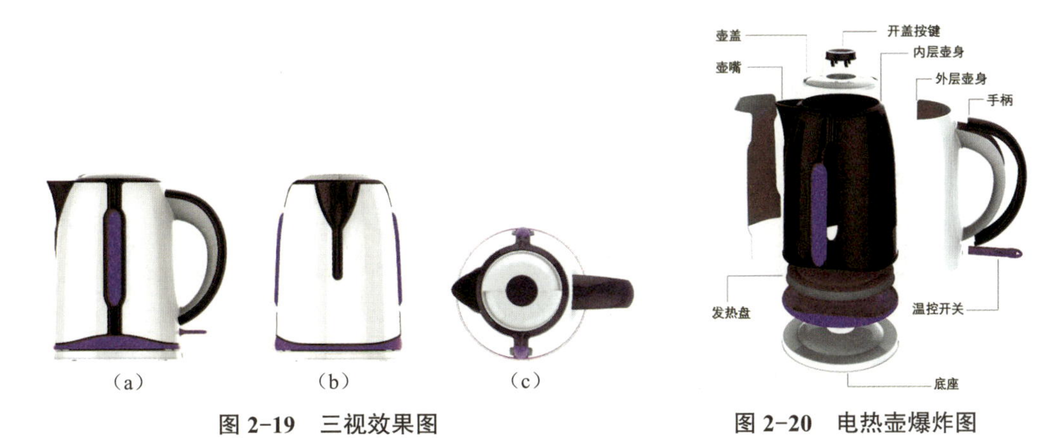

图 2-19　三视效果图

（a）正视图；（b）左视图；（c）俯视图

图 2-20　电热壶爆炸图

产品模型是指在没有开模具、将产品推上市场之前帮助设计团队根据产品外观或结构做出的一个或几个用来评估和修正产品的实体模型。模型可以是物理实体，也可以是图形或者数字化表达的计算机辅助模型，无论哪种模型，都包含了反映该产品外观、色彩、尺寸、结构、使用环境、操作状态、工作原理等特征的全部数据。模型制作是产品设计过程中的一种表现形式，是一种最贴近人的三维感觉的设计表现，也是设计师用来修正、完善、推敲设计和启发设计师对设计的再思考的一种表达形式和手段。模型可以为最后的设计定型图纸提供依据，也可以为以后的模具设计提供参考，还可以为前期市场宣传提供实物形象，如图 2-21 ～图 2-23 所示。

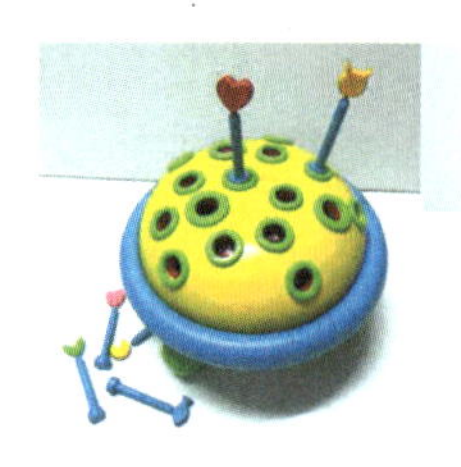
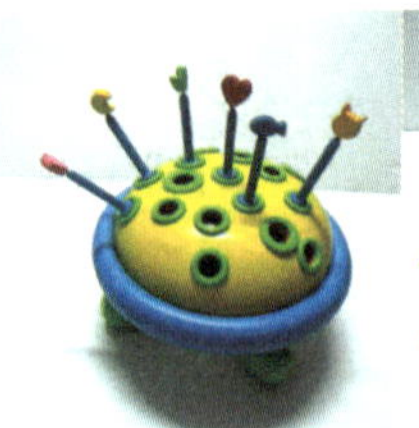
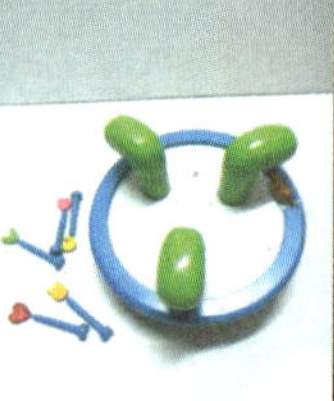
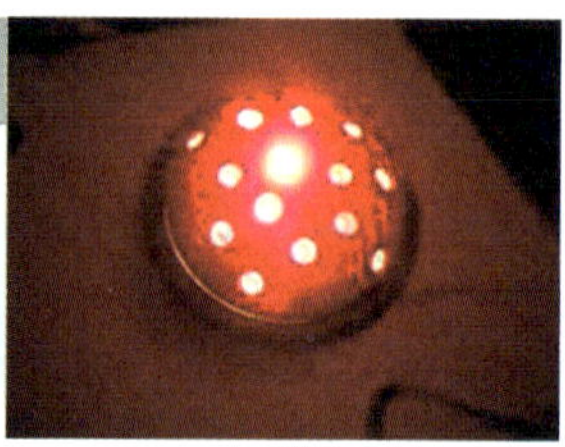

图 2-21　儿童益智玩具　制作：汤楚楚

图 2-22　儿童家具设计　制作：方若兰

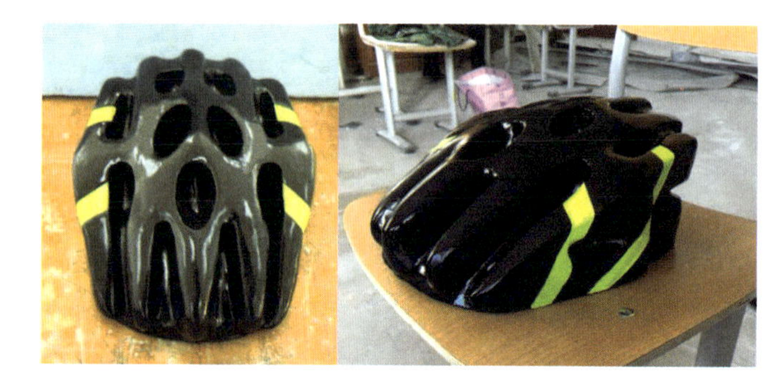

图 2-23　玻璃钢模型　制作：葛畅

8. 人机工程学分析

人机工程学分析是在设计过程的分析、综合、展开、评价阶段必不可少的设计技术。人机工程学研究的是“人—机—环境”系统中人、产品、环境三大要素之间的关系。“包豪斯”在实践中通过探索确定了“设计的目的是人而不是产品”，为现代设计确定了基本观念和教育方向。随着现代化进程的推进，以人为本的人性化设计和设计服务成为现代设计师追求的目标之一，在研究产品的同时，应该更加注重人和产品的关系、人和自然的关系、产品和自然的关系，从消费者角度出发，满足人的使用、心理等方面的需求。

产品设计中的人机分析，大致有以下几个方面：

(1) 使用者分析。设计都是以人为本的，而且任何设计都是针对一定的目标用户，所以，在产品设计过程中首先要对使用者进行分析，这样才能使设计出的产品适合目标用户群。

(2) 使用者的构成分析。任何一件产品的设计都是有针对性的。人与人在性别、年龄、观念、文化程度、生活背景、经济基础等方面都会存在着较大的差异性，对于相同功能产品的要求也会不同。设计师应该将使用者作为一个群体来分析、研究，从而了解该群体的共性和个性，以便有针对性地设计产品，使其符合、满足该群体的大部分人的生理及心理特点。

(3) 使用者的生理因素分析。人机工程学致力于对人体的研究，从而让设计师了解人类生理运行机制的原理和特点。作为设计师，除了通过查阅相关数据、参数之外，也应该通过亲身体验来获得一些经验和感受。另外，人机工程学是一门自然科学，而不是技术科学，人机研究中的人是变化着的人。因此，用纯粹的人机数据套用来分析是不客观的。人机研究不是唯一标准，不能完全照本宣科，不能一味盲从，而应该与时俱进。

(4) 使用者的行为方式分析。一个人的行为方式会直接影响其对产品的操作和使用，因此作为设计师一定要考虑或者利用这些因素。例如，生活中绝大部分的人都有用右手操作产品的习惯，可是也会有一部分人习惯于左手操作，也就是人们俗称的“左撇子”。对于剪刀，市场上绝大部分都是适合右手操作使用的人群，而图 2-24 所示的这款剪刀，只要通过转动藏在手柄中的 3 支刀头，就能改变锋刃，从而实现左右手的切换；3 支刀头同时使用，可切换为疯狂的粉碎机模式；只用其中 1 支刀头，就会化身为超酷的开箱利器。

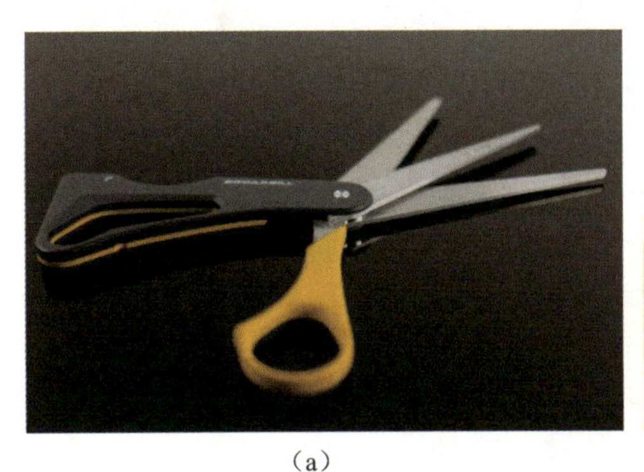

（a）

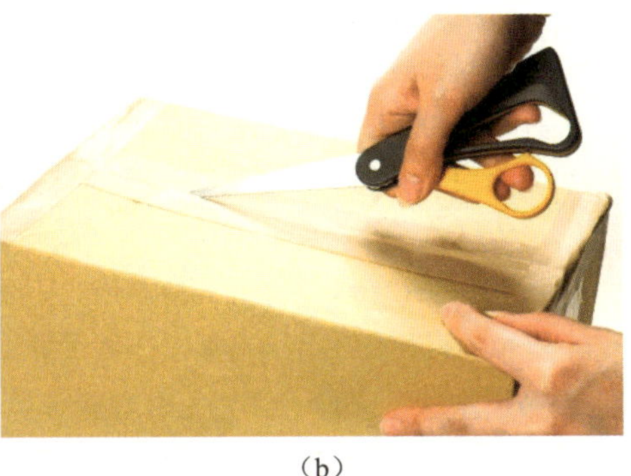

（b）

图 2-24 左右手都可以用的剪刀

现代产品设计的风格已经从单纯的功能主义逐步走向了多元化，消费者在购买产品时不仅考虑产品的使用、实用功能，同时也十分注重自我意识、个人风格以及自我的表现，体现在产品设计上则要求产品越来越丰富、细化、个性化。在产品设计中，设计师追求的人机要符合人体数据，符合人的生理、心理需求，符合社会审美、公众需求，符合人们的社会心理期望，这才是人机工程学在产品设计中应用的最终目标。

9. 设计制图、编制报告书

设计制图包括外形尺寸图、零件详图以及组合图等。这些图的制作必须严格遵照国家标准的制图规范。一般较为简单的设计制图，只需按正投影法绘制出产品的主视图、俯视图和左视图（或右视图）即可，如图 2-25 所示。

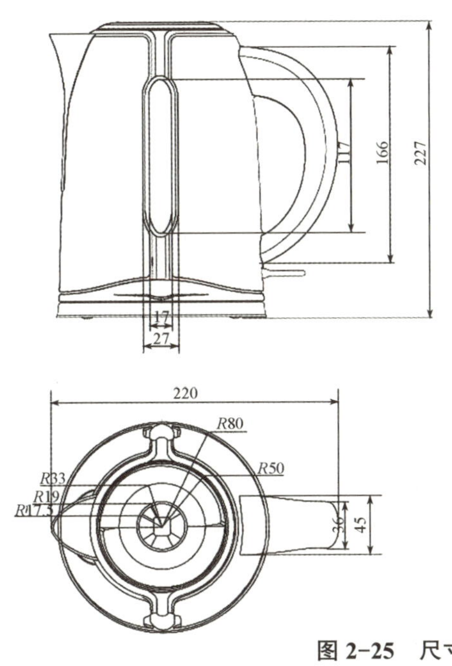

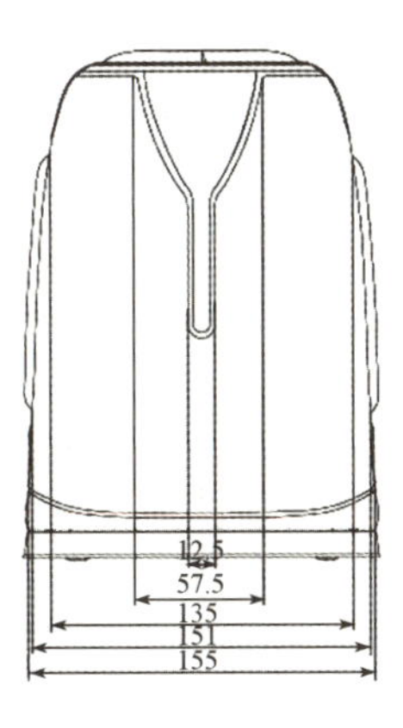

单位：mm
比例：1:1

图 2-25 尺寸图

编制报告书是设计接近尾声的工作任务，其目的是设计师通过最直观的方式将设计作品交于高层管理者、业主从而进行沟通交流。编制报告书是以文字、图表、照片、效果图、模型等形式所构成的设计全过程的综合设计报告。报告书编制时既要清楚地将每一个设计步骤交代清楚，同时又要简明扼要。一份完整的设计报告书一般包括以下部分：

（1）封面：封面一定要标明项目名称，项目背景（委托企业、课题名称或竞赛名称），参加者，时间，指导者以及赞助者等信息。

（2）目录：目录排列要一目了然，并且要表明对应页码，一般目录按照设计程序安排填写目录内容。

（3）设计计划进度表：根据产品前期策划的合理日程安排，便于工作的顺利展开，对设计方和业主都起到制约、提醒的作用。表格设计要求要识读性强。

（4）设计调查报告：设计调查报告包含设计调查中的各项内容，如对市场现有产品、国内外同类产品以及销售与需求的调查，常采用文字、照片、图表相结合的形式表达。

（5）分析研究：对以上设计调查进行综合分析，包括市场分析、材料分析、使用功能分析、结构分析、操作分析等，从而提出设计概念，确定该产品的市场定位。

（6）设计构思：是设计概念形成和演化的过程，一般用文字、草图、草模等形式表现。

（7）设计展开：主要以图例与文字结合的形式表现，在设计展开阶段主要包括分析与决定设计条件、展开设计构思、方案评估等具体设计内容。

（8）方案确定：是指设计团队根据产品造型、色彩以及可生产性等因素选择了最优方案作为最终定稿。其主要包括设计效果图、色彩计划、按制图规范绘制的详细产品结构图、外形尺寸图、模型制作以及人机工程分析等设计具体内容，根据实际需求还可能要求提供产品轴侧爆炸图、局部放大图以及使用说明等内容。

（9）综合评价：通过以上设计内容的展示，对于产品做最后的客观评价，尽量以简洁、明了及鼓舞人心的词语表明该设计的全部优点及最有特色的创新点。在技术指标上通过产品的可用性、可靠性、有效性、合理性等方面来评价；在经济指标上通过开发成本、生产费用以及预期利润等方面来评价；在社会效益方面通过社会影响力和用户的协调等方面来评价；最后可从产品造型、色彩、材料和加工工艺等方面进行评价。

第二节 产品设计程序实例

在多年的教学实践中，笔者发现很多学生在设计产品时，包括在做毕业设计时，都忽略了产品设计程序的必要环节，急功近利甚至本末倒置，最终结果往往事与愿违。产品设计程序不是僵化不变的，而应根据设计内容的繁简做出适当调整。正确的产品设计程序能辅助设计者清晰、完整地完成设计作品。本节的产品设计程序实例内容为辽宁工程技术大学工业与艺术设计系学生在产品设计程序课程中的作业，希望通过此案例的展示让更多同学更加顺畅地运用设计程序，为以后的专业课程学习和应用奠定坚实的基础。

关于 ✚ 便携智能药盒的改良设计

报 告 书

辽宁工程技术大学

工业与艺术设计系14-2班

学生：王童童

指导教师：张艳平

设计计划进度表

◆设计准备

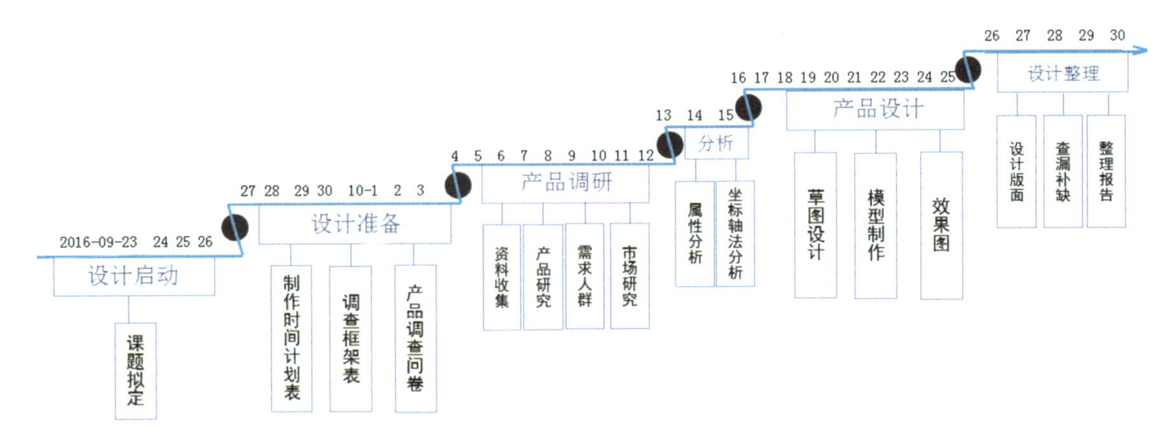

市场调研框架表

◆产品调查

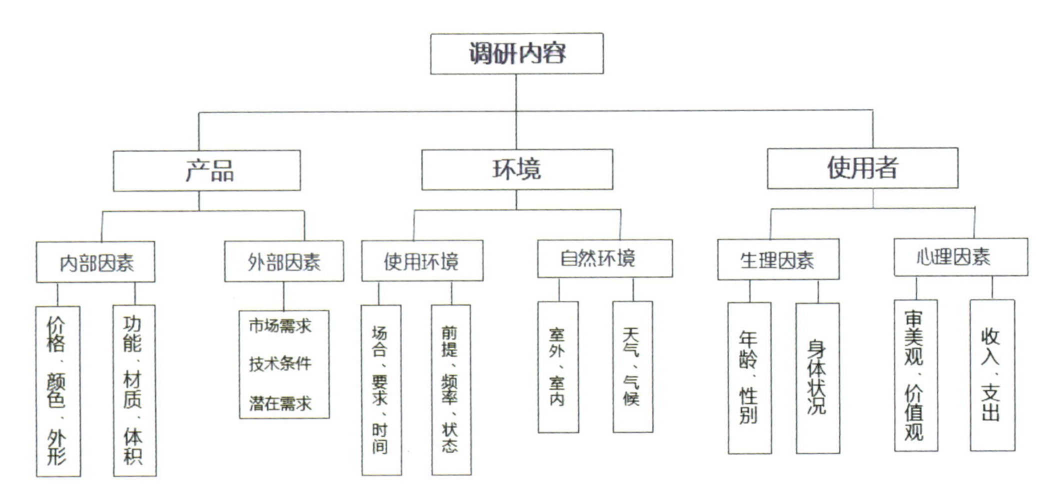

设计调查

◆产品调查（查阅法）

药盒的产生与发展

刚开始

便携药盒是为了临时外出时收纳药片、口香糖等物品

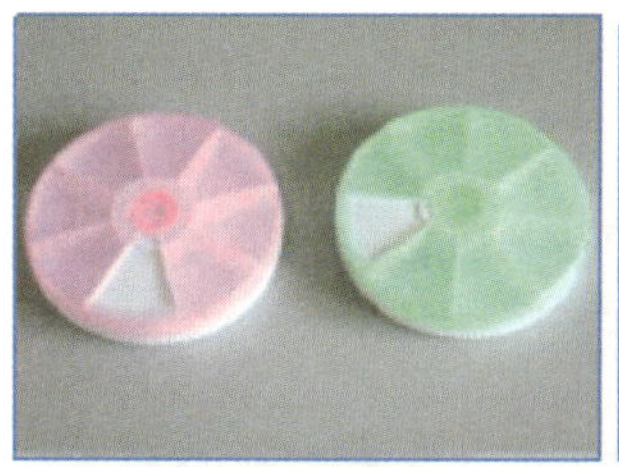

随后

逐渐出现了转盘式便携药盒，其目的是干净卫生、方便取药

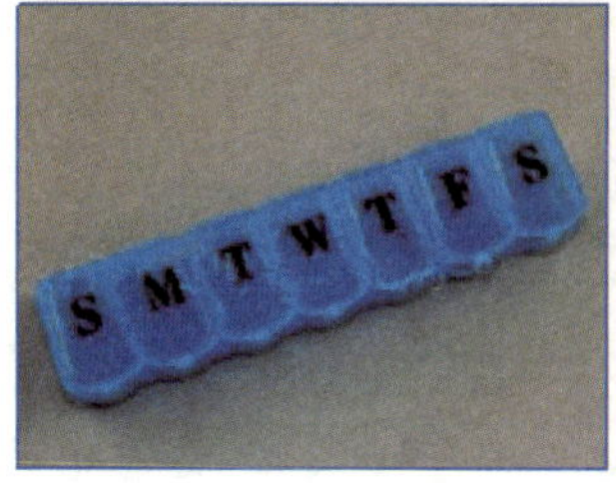

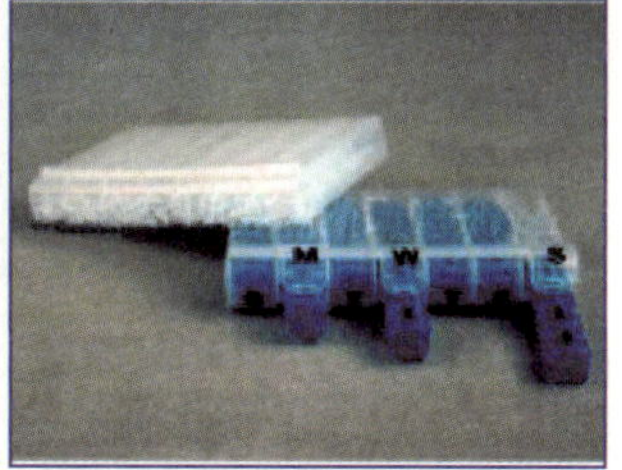

之后

又出现了容量更大，并且带有文字性提示的药盒

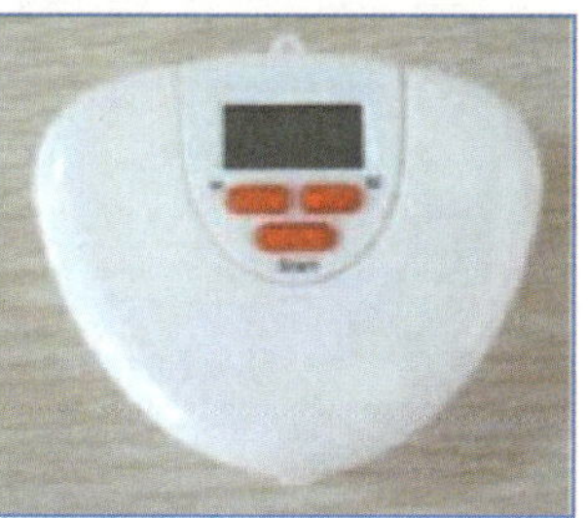

尽管便携药盒方便随身携带，但是仍然避免不了忘记吃药的问题，随即出现了电子药盒

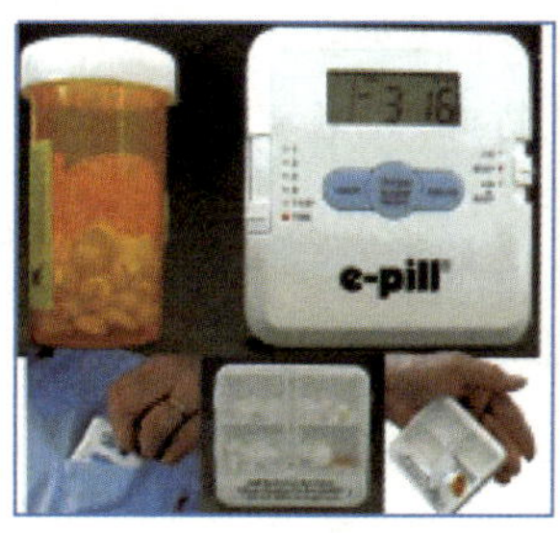

随着电子药盒的发展与完善，智能电子药盒的种类开始逐渐变多

Ⅱ. 设计调查

◆产品调查（查阅法）

国内外产品对比

● 美国

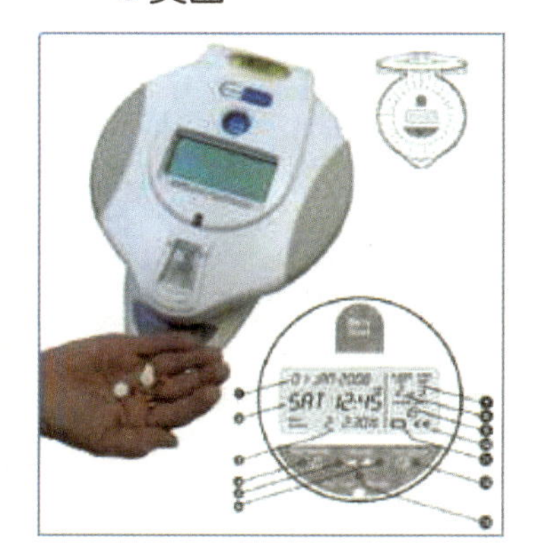

转盘式自动药盒的第三代升级产品，除继承自动出药、28 次药量、避免忘服及误服等特点外，在设计上非常人性化，外观也更加靓丽

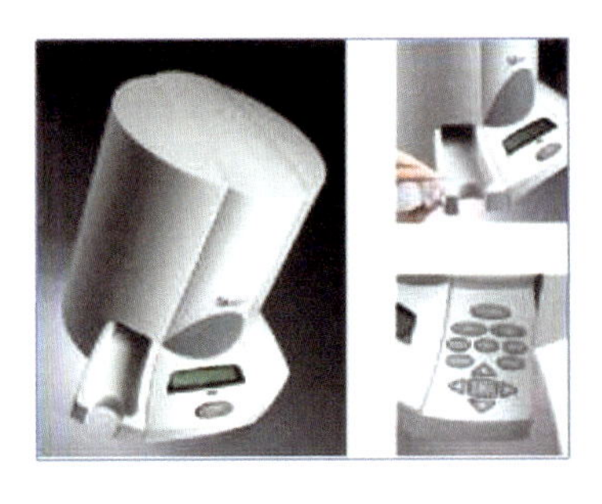

可储存一个月的药量——60 个小药杯；忘服时响亮的声音和光同时提醒；自动出药，到时间点小药杯自动滑出

●中国　香港

国内第一款专门针对老年人设计的服药提醒药盒

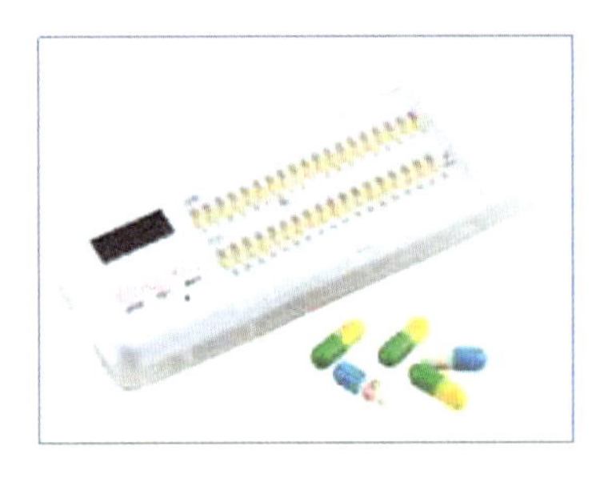

每个小药盒可单独拿出，具有 37 组闹钟提醒的电子提醒药盒，拨动黄色的小按钮就可以设定整点或半点的闹钟提醒

Ⅱ.设计调查

◆产品调查（查阅法）

国内外品牌信息

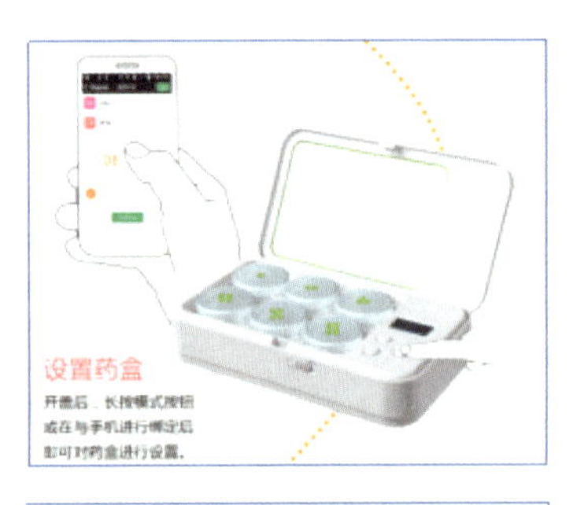

宜家安智能药盒，2009 年软汇科技于重庆成立，并在北京、上海和珠海等地设立分公司。这款可与 App 相连使用的智能药盒于 2014 年 12 月批量试产

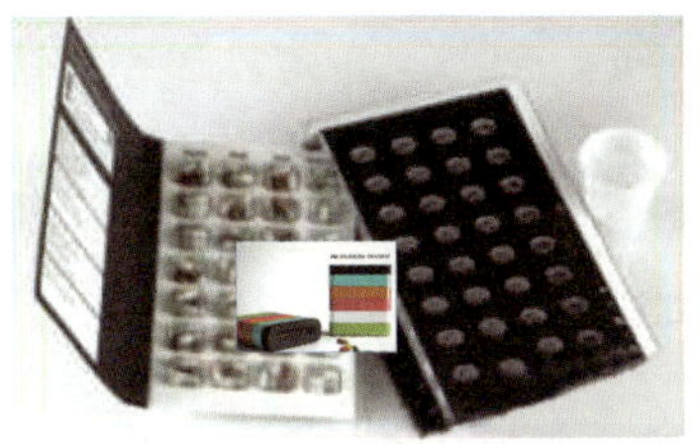

法国公司 Medissimo 推出的一款 iMedipac 药盒是一种外形像一个小本子的智能药盒。iMedipac 上共有 28 个密封储药格，面板上配有LED提示灯和提示铃。这款智能药盒可以与手机上的App相关联，可以自动发送信息或邮件，以便医生或家人检查服药情况

爱易记智能药盒是一款由深圳市盈佳信息动力技术有限公司研发生产的智能药盒，该药盒基于智能手机 App 监控服药时间，并同步用药数据，自动生成服药健康档案的智能药盒。产品集智能、简易、实用于一体，有效地帮助中老年人养成良好的服药习惯

Ⅰ.设计调查

◆产品调查（查阅法）

名称性能	普通电子药盒	现有的电子药盒
提醒方式	3 个按键，1 个液晶显示屏	只有一个按键
内部电路	简单的时钟闹铃电路	内部包含了 CPU（中央处理器），独有的 OKT 一键定时智能技术程序，带数码语音处理电路
使用便利	设置定时烦琐、步骤多、难记。如果说明书丢了就没法再用了	操作非常简单，免说明书，只需要一个按键，想什么时候定时就什么时候定时
如果设置 3 个定时点	需要按规定步骤按键操作 100 次以上	只按一次就自动完成
如果要修改定时点	操作很麻烦，需要按键十几次	只按一次就自动完成
显示屏过小	设置定时需要手眼配合，给使用者带来不便，特别是老年朋友使用非常困难	无须显示屏，只需在你服用营养品或药品时，按一下按键，就可完成定时

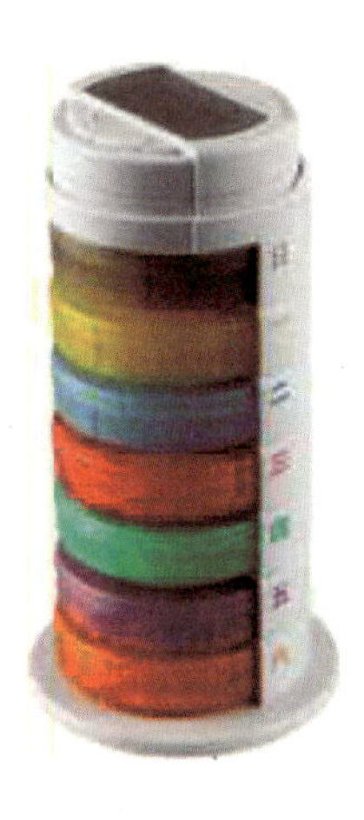

Ⅱ. 设计调查

◆材料调查（查阅法）

食品级 PC
（应用于药盒部分）

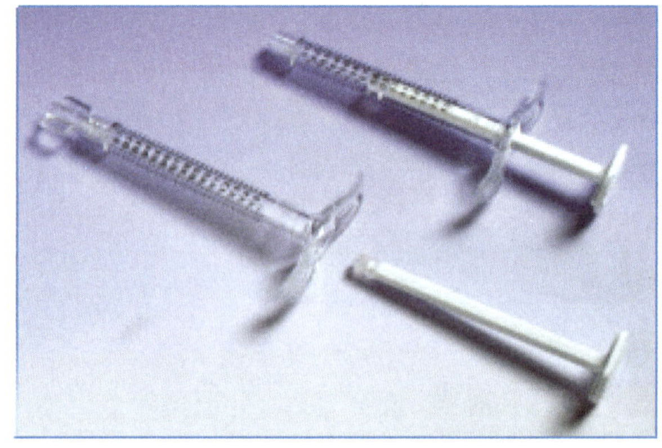

材料特点

1. 高强度及弹性系数、高冲击强度、使用温度范围广；
2. 高度透明性及自由染色性；
3. 成形收缩率低、尺寸安定性良好；
4. 耐疲劳性佳；
5. 耐候性佳；
6. 电气特性优；
7. 无味无臭，对人体无害，卫生安全

在医疗器械方面的应用

由于 PC 制品可经受蒸汽、清洗剂、加热和大剂量辐射消毒，且不发生变黄和物理性能下降的现象，因而被广泛应用于人工血液透析设备和其他需要在透明、直观条件下操作并需反复消毒的医疗设备中。如生产高压注射器、外科手术面罩、一次性牙科用具、血液分离器等。

Ⅱ. 设计调查

◆材料调查（查阅法）

热塑性弹性体 TPE
（应用于腕带部分）

TPE 是一种具有橡胶的高弹性、高强度、回弹性，又具有可注塑加工特征的材料

材料特点

1. 可用一般的热塑性塑料成型机加工，不需要特殊的加工设备。

2. 生产效率大幅提高。可直接用橡胶注塑机硫化，时间由原来的 20 分钟左右，缩短到 1 分钟以内。

3. 易于回收利用，降低成本。生产过程中产生的废料（逸出毛边挤出废胶）和最终出现的废品，可以直接返回再利用；用过的 TPE 旧品可以简单再生之后回收利用，减少环境污染，扩大再生资源来源。

4. 热塑性弹性体大多不需要硫化或硫化时间很短，可以有效节约能源。

5. 可用于塑料的增强、增韧改性。作为一种节能环保的橡胶新型原料，发展前景十分看好。

6. 透明系列应用范围：高档、高透明玩具，成人用品，吸盘用料，运动器材以及密封圈等。

7. 硬度范围广，极佳的透明性、光泽度以及舒适的手感，广泛用于成人用品。具有良好的抗紫外线、耐候性、耐高温，长期用于户外

设计调查

◆技术调查（查阅法）

“纳米银”抗菌技术

（应用于药盒抗菌）

纳米银就是将粒径做到纳米级的金属银单质。

纳米银粒径大多在 25 纳米左右，对大肠杆菌、淋球菌、沙眼衣原体等数十种致病微生物都有强烈的抑制和杀灭作用，而且不会产生耐药性

国内产业应用纳米银抗菌技术的现状

1. 纳米银抗菌应用技术与产业结合的难易度会因产品属性、材质、生产工艺，纳米银品质以及应用技术水平等不同而有异。
2. 目前国内应用纳米银抗菌技术成功且已面市的产品有：
   (1) 鞋业：运动鞋；
   (2) 医用领域：凝胶、敷料、口罩、绷带等；
   (3) 纺织领域：卫生巾、湿巾、毛巾、内衣、袜子等；
   (4) 日用产品：牙膏、香皂、沐浴露、洗面奶等；
   (5) 家用电器：手机、键盘、微波炉、洗衣机等

设计调查

◆人群调查（询问法）

便携急救药盒的调查问卷

1. 请问您的年龄（单选题 * 必答）

○ 40 岁以下

○ 40 岁以上

2. 请问您是否跟老人一起生活过（单选题 * 必答）

○ 家中有老人，一起住

○ 偶尔会一起住
○ 没有过
3. 您家中老人是否经常服用药物或需要应急药物（单选题 * 必答）
○ 经常吃药
○ 患有急性病，突发情况时需要应急药物
○ 身体很棒，不用吃药
4. 您是否需要经常服用药物或保健药品（单选题 * 必答）
○ 每天都要服用
○ 偶尔会
○ 基本不吃药
5. 请问您是否有过忘记吃药的情况（单选题 * 必答）
○ 经常忘记吃药
○ 有时会忘记吃药
○ 我基本不吃药
6. 您是否了解过便携药盒（单选题 * 必答）
○ 了解，现在就拥有
○ 有所了解
○ 不太了解，没接触过
7. 您对市面上的便携药盒满意度是多少（打分题 请填 1~5 数字打分 * 必答）
外观 ________________________________
创新度 ______________________________
实用性 ______________________________
8. 如果让您选择一种药盒，您会看重哪些方面（多选题 * 必答）
□ 材质
□ 体积
□ 实用性
□ 多功能
□ 价格
□ 外观
9. 如果让您选择药盒，您会选择哪种风格的外观（单选题 * 必答）
○ 简单大方
○ 装饰性强
○ 复古
○ 奢华
10. 如果有一款腕表样式药盒，您是否有兴趣购买（单选题 * 必答）
○ 会，很有意思
○ 不知道，看看再说
○ 不会，没有兴趣

11. 您觉得药盒是否应该带有智能提醒功能（单选题 * 必答）

○ 很有必要

○ 一般般

○ 没有必要

12. 您是否在公共场合遇到过突发急病的老人（单选题 * 必答）

○ 遇到过

○ 并没有

13. 如果突发病人在您身边，您是否会伸出援手（单选题 * 必答）

○ 是

○ 否

14. 您是否会尝试在其身上搜寻急救药物（单选题 * 必答）

○ 会

○ 不会

○ 不确定

分析研究

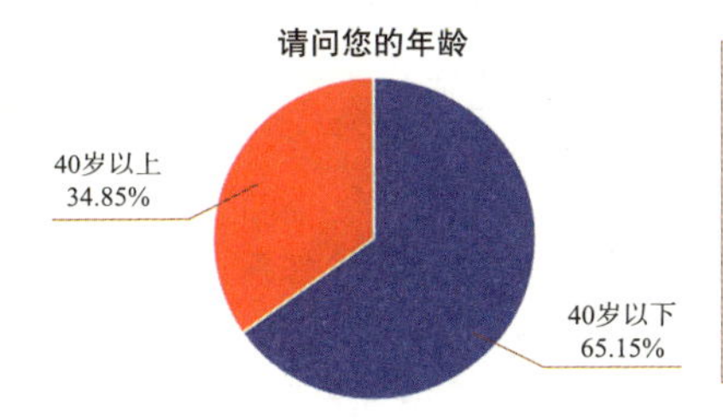

问卷调查的被询问人群中有 34.85%的人属于 40 岁以上的中老年人群。

分析：由于使用者的生理因素与心理因素有所差异，需要广泛发布问卷，以追求多数人的意见

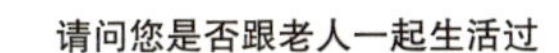

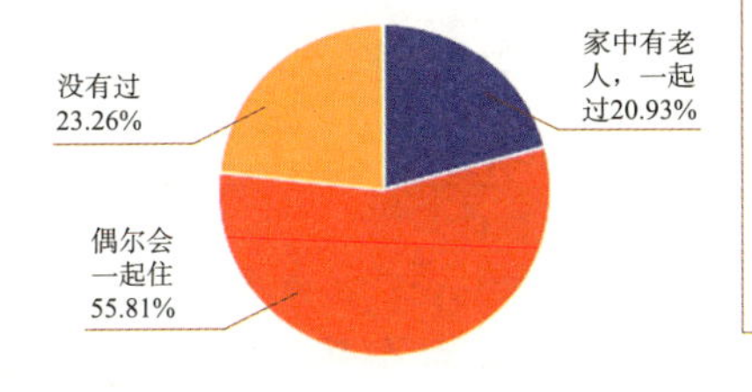

只有 20.93%的家庭与老人一起生活，55.81%的家庭偶尔会与老人一起生活。

分析：中国家庭中约 79%的老人不会与子女共同生活，中国老年保健日用品市场潜力巨大

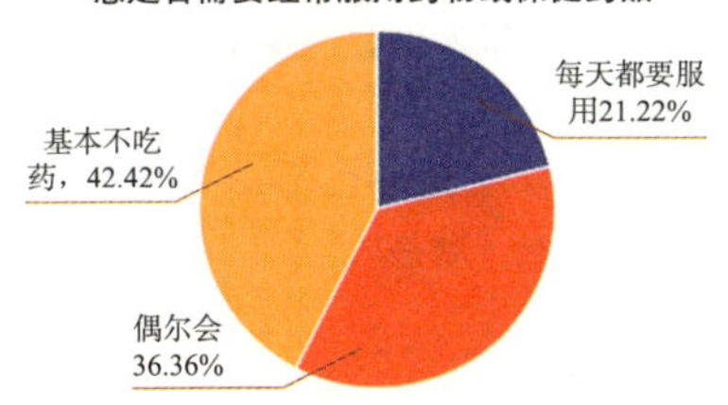

40 岁以下人群中，21.22%的人需要每天服用药物或保健药品，36.36%的人偶尔因生病服药。

分析：青、中年人群会服用类似维生素或钙片类保健药物，智能药盒在上班、上学一族中也有超过 50%的发展前景

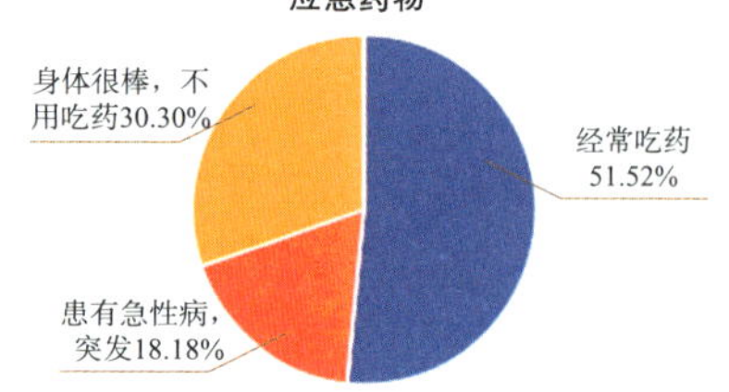

51.52%的老人会经常吃药，18.18%的老人需要急救类药物。

分析：老年人群有约70%的人需要服用药物，鉴于大多数老年人不会与子女同住，往往需要在身边常备药物，其中急救类药物更应随身携带，考虑安全卫生的因素，便携药盒最为合适

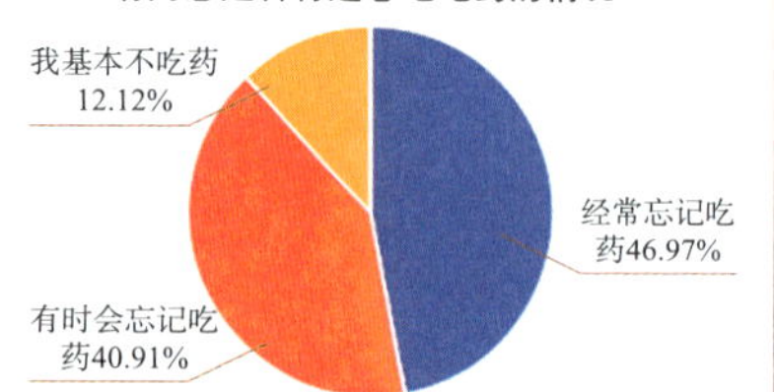

46.97%的人群会经常忘记吃药，40.91%的人群有时会忘记吃药。

分析：忘记吃药的情况有87.88%的可能发生，说明在日常生活中人们并不能有效避免忘记吃药的情况，需要依靠智能提醒系统来提醒自己按时吃药

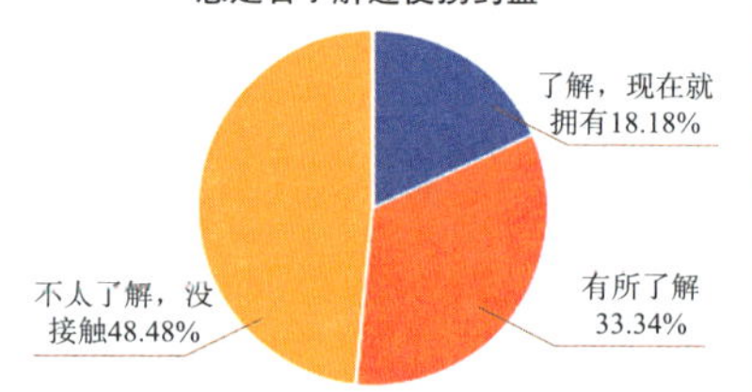

18.18%的人群拥有自己的便携药盒，33.34%的人群对便携药盒有所了解，48.48%的人还不了解便携药盒。

分析：随着人们生活水平的提高，超过50%已经对便携药盒有所了解，约18%的人群已经拥有便携药盒，这对智能便携药盒的推广有很好地推动作用

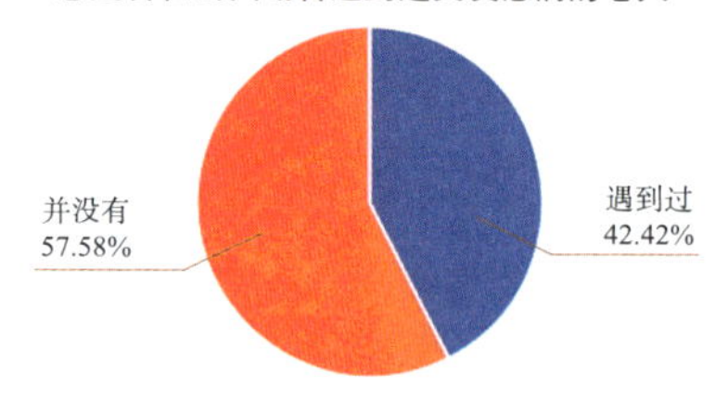

42.42%的人群在公共场合遇到过老年人突发急病的情况，57.58%的人群则没有遇到过。

分析：42.42%并不是少数情况，说明在社会生活中，老年人在公共场合突发急病的概率并不小，因此，老年人出行应随身携带急救药物

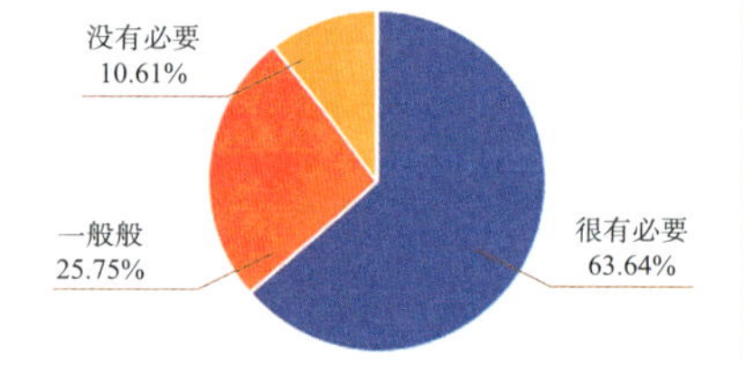

在受访人群中，63.64%的人群觉得便携药盒的智能提醒功能很有必要。

分析：对于上班、上学族以及老年人，忘记吃药的情况经常发生，大多数人都期望便携药盒带有智能提醒功能，说明了便携药盒的智能提醒功能应该添加

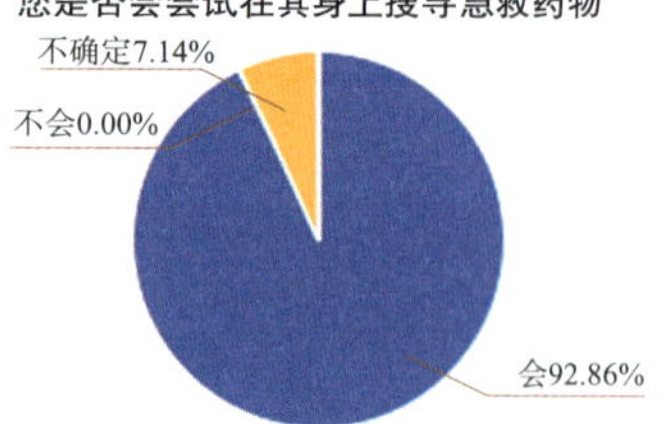

100%的受访人群在遇到突发急病的老年人时会选择上前救助，绝大多数人会尝试在其身上寻找药物。

分析：这一数据说明老年人出行时，携带的急救药盒需要醒目，容易被人们发现，从而采取急救措施。因此，腕表式智能药盒可以考虑设计其急救功能

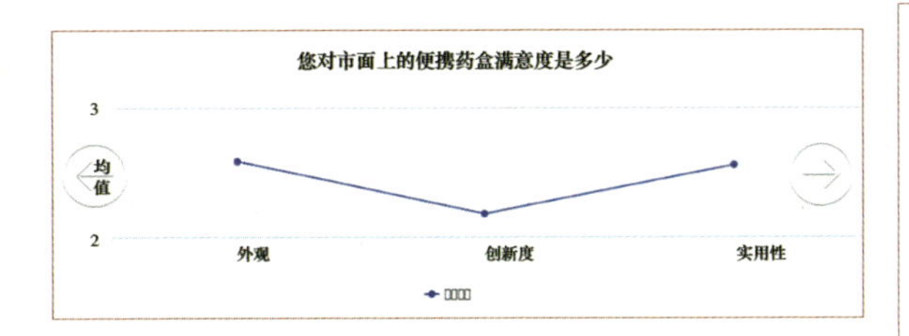

受访人群中对市面现有药盒的外观满意度为2.59分(满分5分)，对创新度的满意度为2.18分，对实用性的满意度为2.56分。

分析：由于便携药盒发展起步不久，市面上现有的便携药盒并不能得到绝大多数消费者的满意，其中创新度的满意点最低

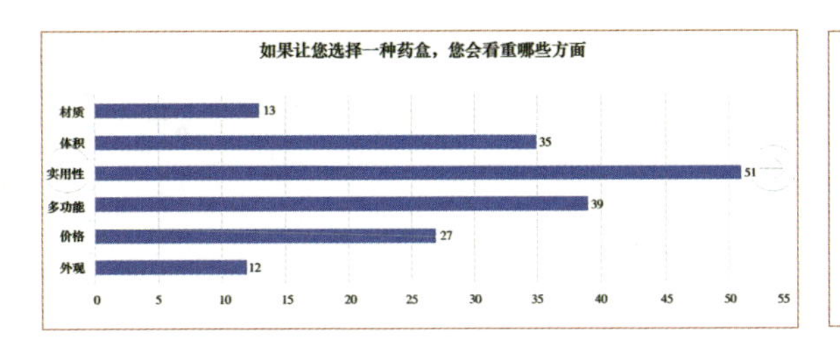

大多数人对于药盒，更加看重实用性与多功能。

分析：根据打分情况来看，所改良产品首先要注重实用性，其次兼顾多功能、体积大小与外观等多方面因素

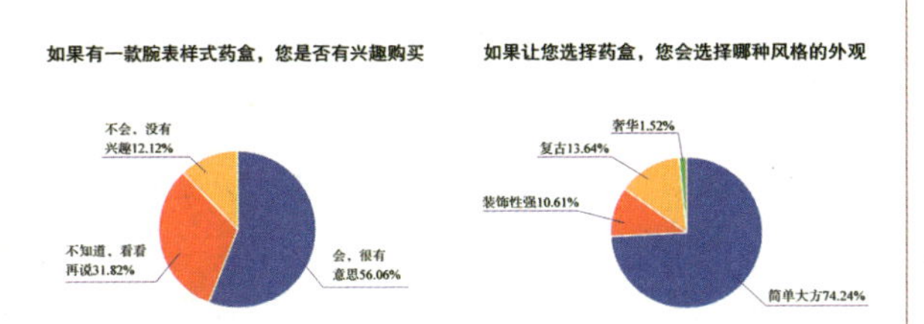

56.06%的受访人群对腕表式便携智能药盒很感兴趣，31.82%的人群持观望态度。多数人接受简单大方的风格。

分析：腕表式智能药盒的创意得到了大多数人群的支持，在此基础上，设计风格要向简单大方的方向靠拢

■I.分析研究

◆坐标轴法

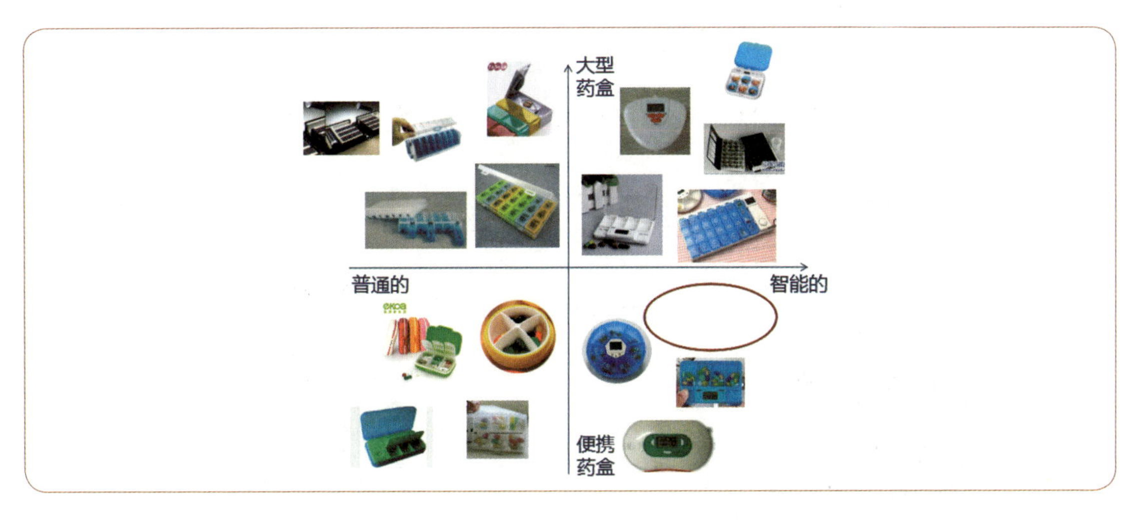

分析研究

市场定位

药盒并不是迎合大众需求的产品，使用者以注重养生保健人群以及老年人居多。由于工作忙碌或者老年人记忆力衰退，会经常忘记吃药，导致生活品质下降，这才是本产品要解决的重点问题。

目前智能药盒刚刚起步，市面现有的药盒款式单一，智能提醒功能亟待创新与改良，便携功能并没有起到真正的便携作用，反而容易丢失，智能便携药盒款式缺乏创新，颜色、样式并不吸引人。

随着现代人们生活水平的提高，便携药盒不仅仅用来携带药片，更多的是用来携带保健药品，折射的是一种对生活品质提升的期望，这样就无疑拓宽了消费对象，扩大了消费群体。

分析研究

扩展

智能便携药盒适合哪些人群使用?

1. 常服用保健品、药品，有健康生活理念、注重培养健康生活习惯的人群。

2. 工作/学习太忙，或者忘性比较大的人群。

3. 注重健康、时尚的女士，有健康生活习惯希望定时服用美容/祛毒/减肥等产品的人群。

4. 每天需要服用药物，但是经常被忘记吃药所困扰的老年人。

扩展

智能便携药盒如何提高用户生活品质?

优质、营养的保健药品提供人们所需的精力与活力，持续规律地补充营养保健品会大大提高人的生命品质与寿命。

有了智能药盒的提醒，便不会出现“有一顿没一顿地服药”情况，有效帮助病人病情的缓解与治疗。

规范人们规律生活的习惯，有助于每天保持良好心态，提高生活质量，提升个人品位。

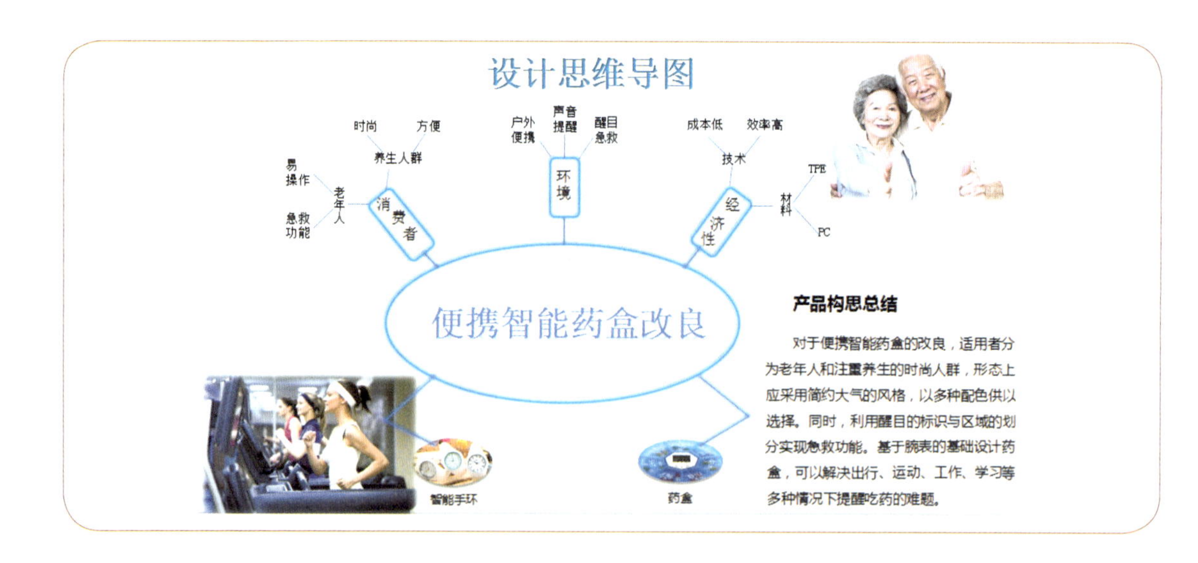

Ⅰ.设计构思

◆方案一

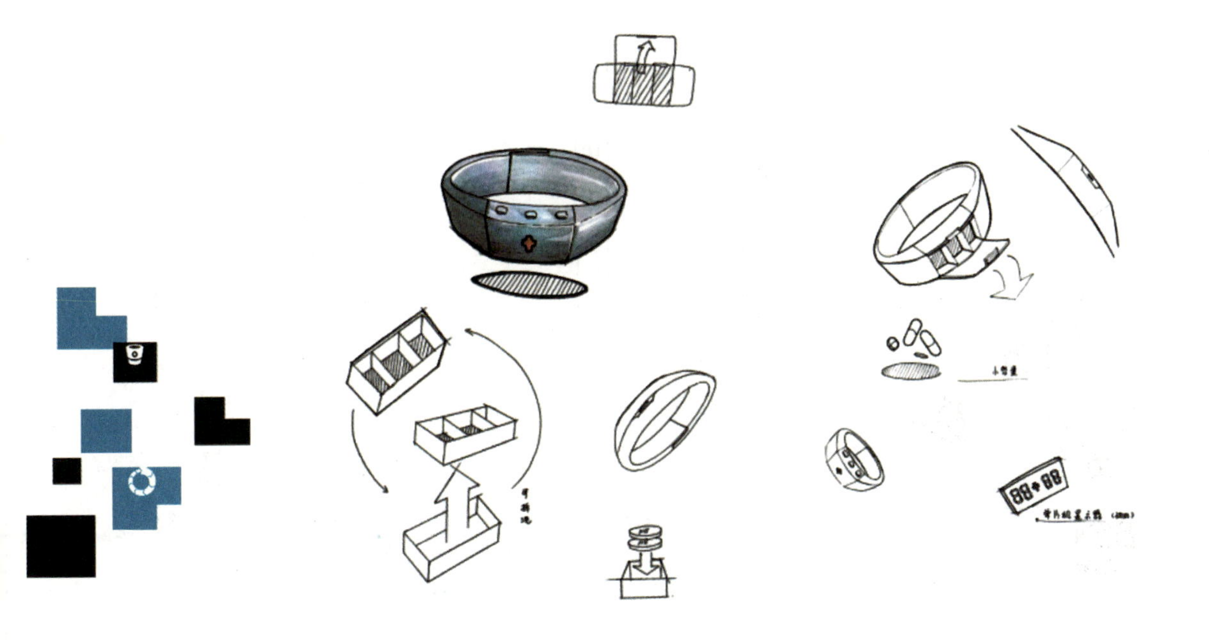

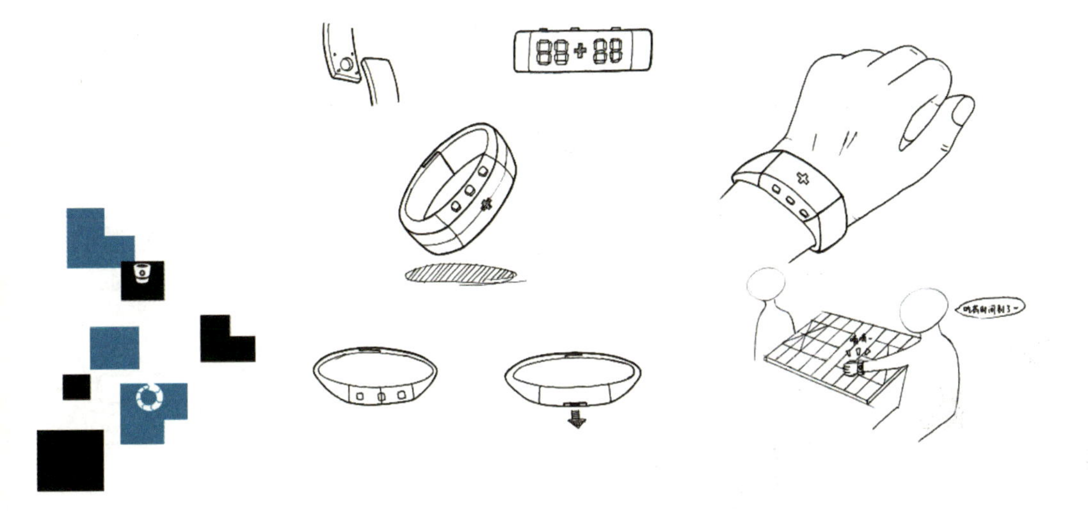

设计构思

◆方案二

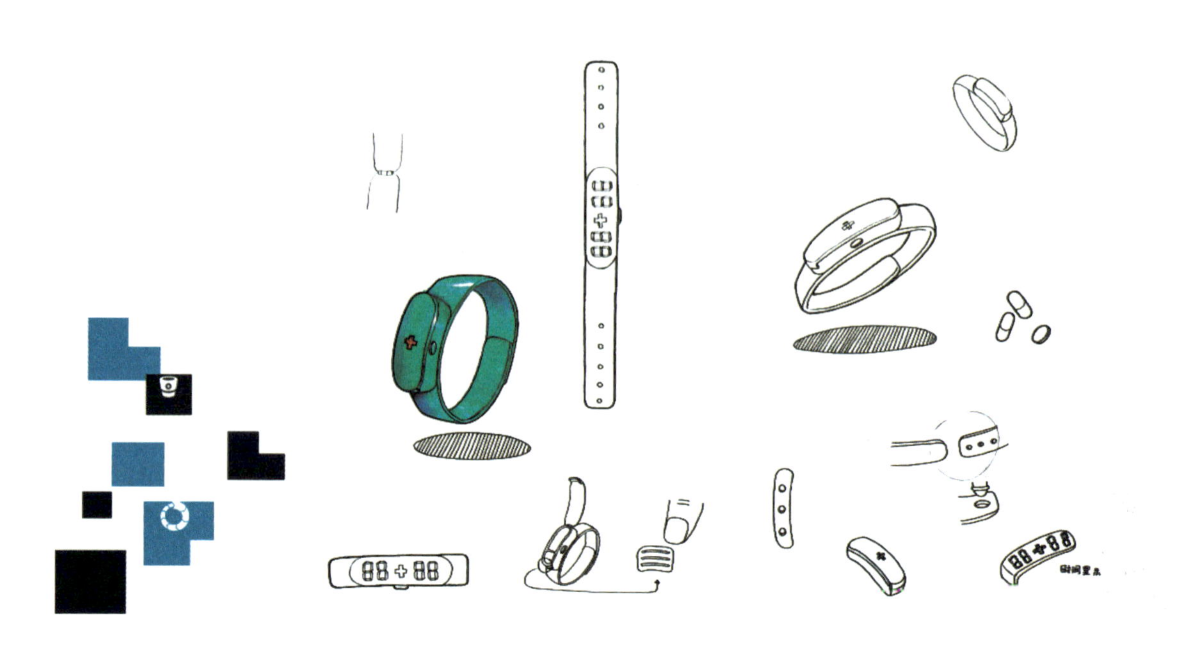

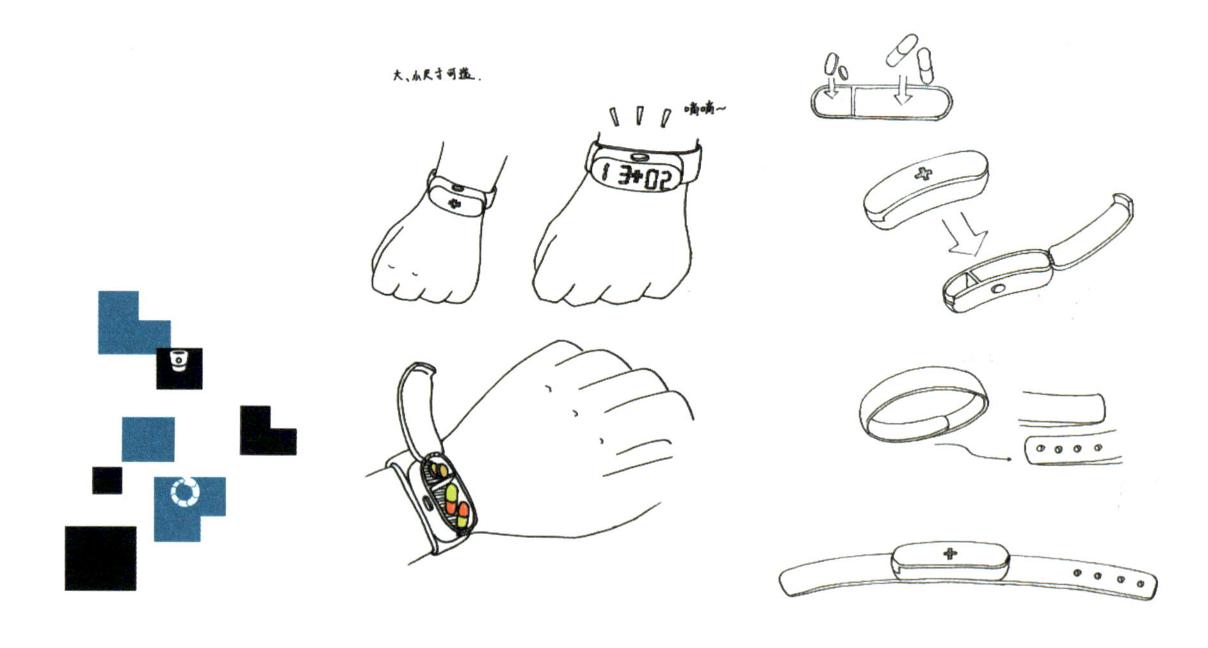

II. 设计构思

◆方案三

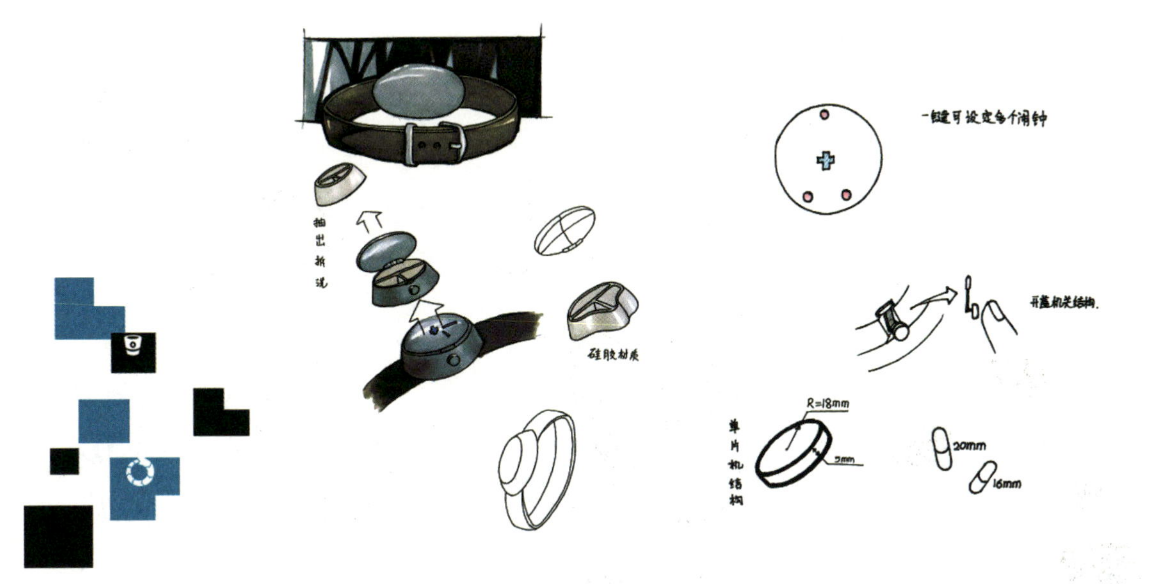

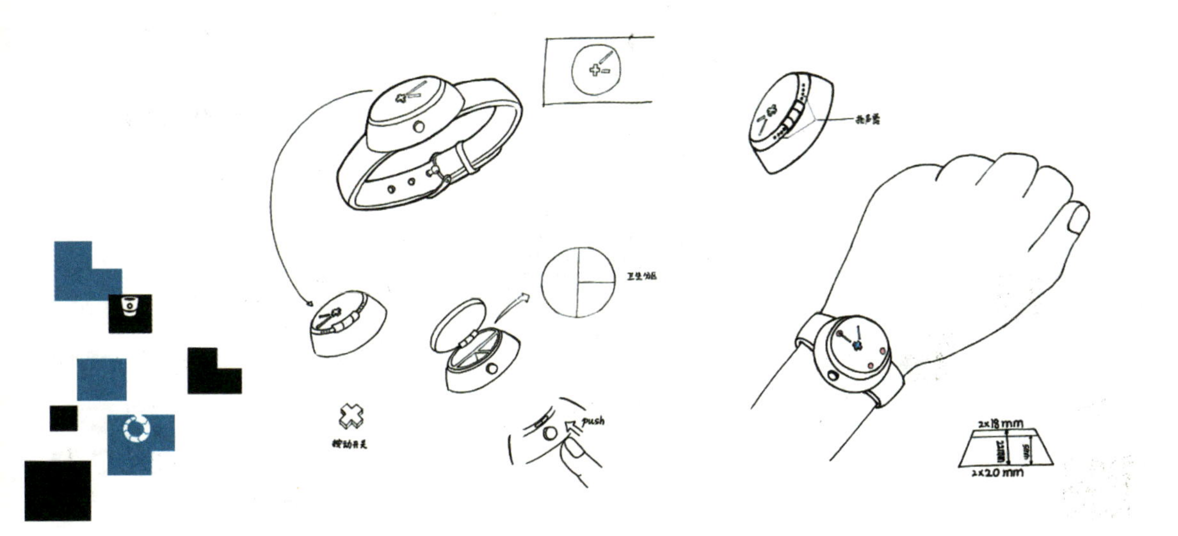

Ⅱ. 设计构思

◆方案四

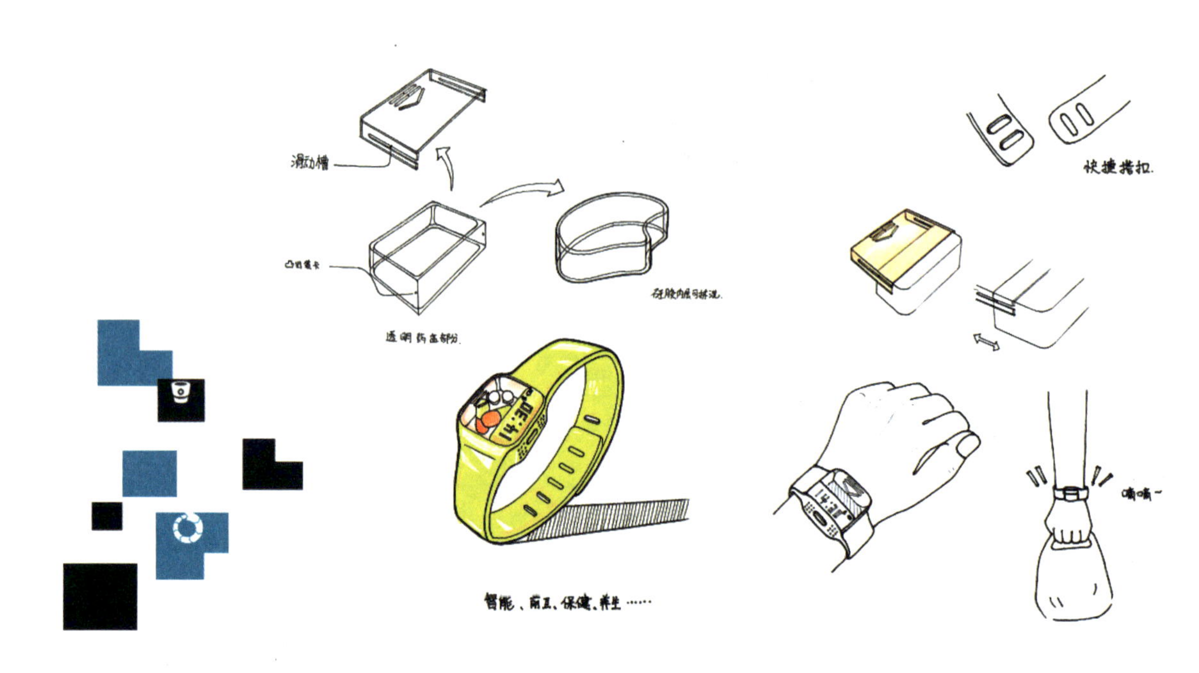

滑动槽
快捷搭扣.
透明药盒部分.
智能、简直、保健、养生……
14:30
嘀嘀~

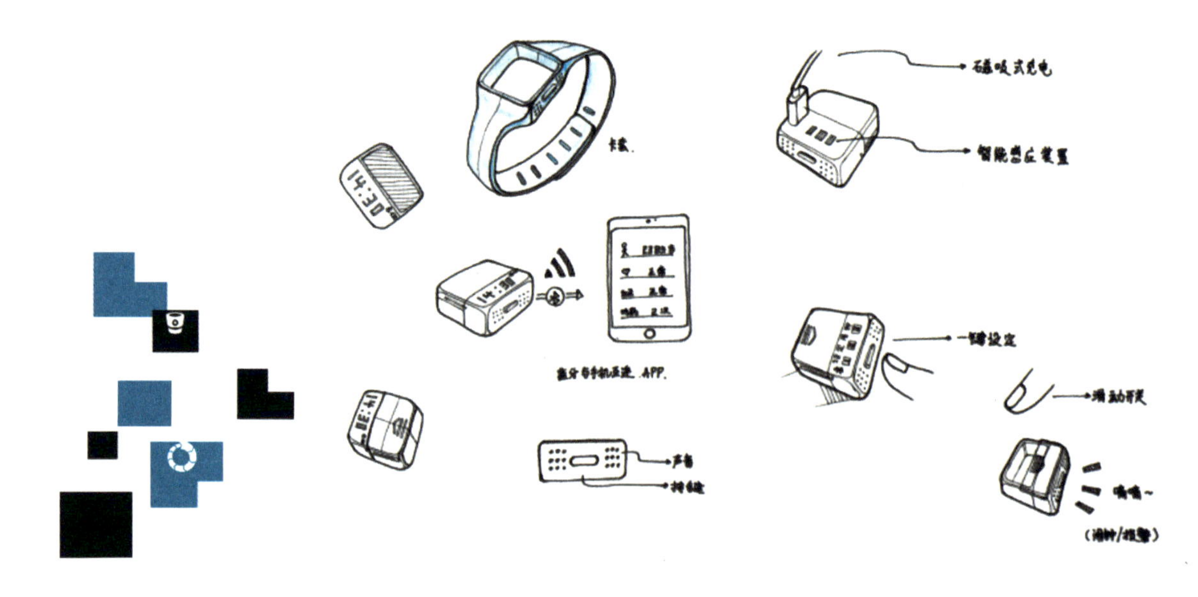

磁吸式充电
智能感应装置
一键设定
滑动开关
声音
按键
嘀嘀~
APP.

设计构思

◆方案五

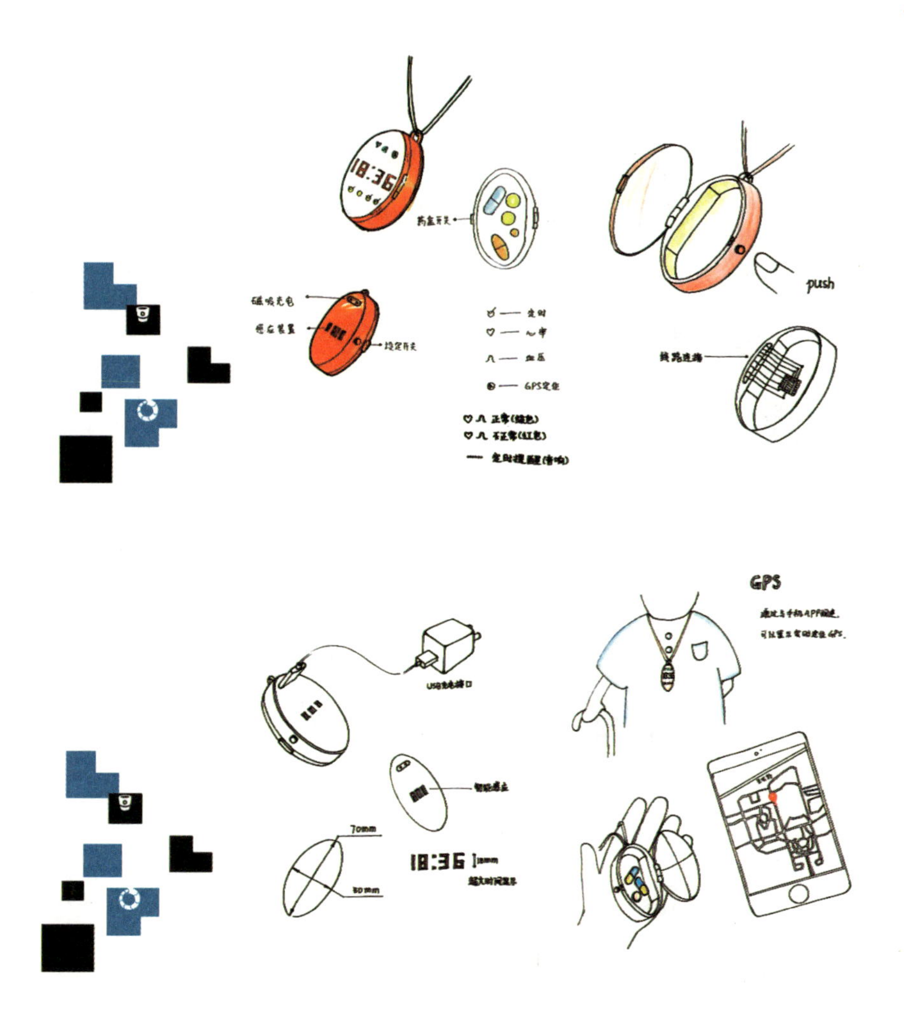

设计构思

◆方案六

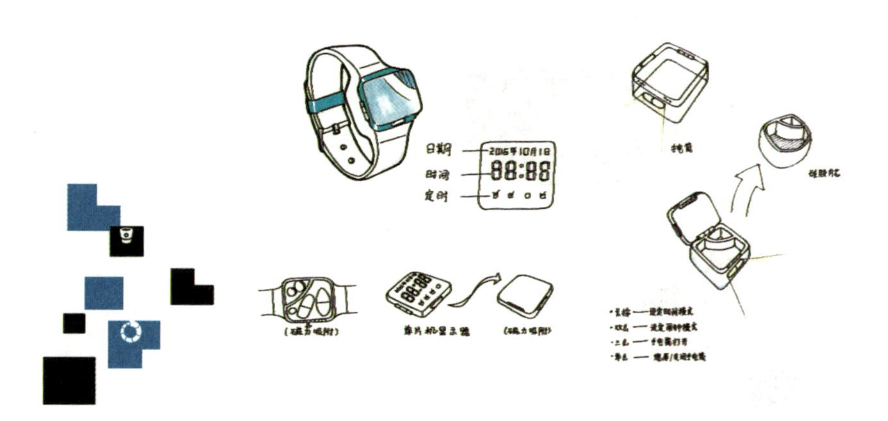

设计展开

◆分析方案一

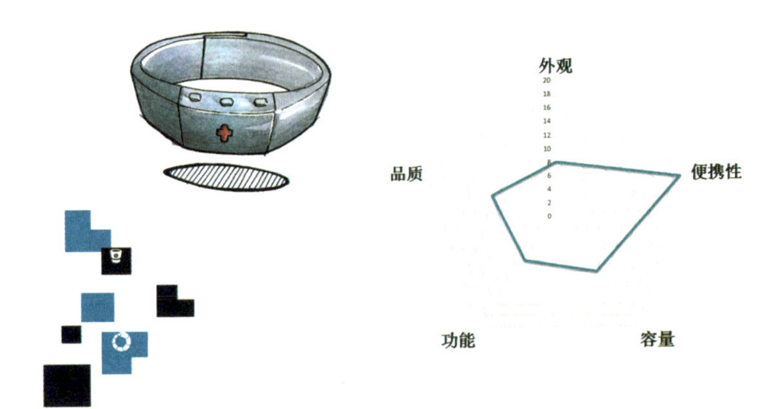

设计展开

◆分析方案二

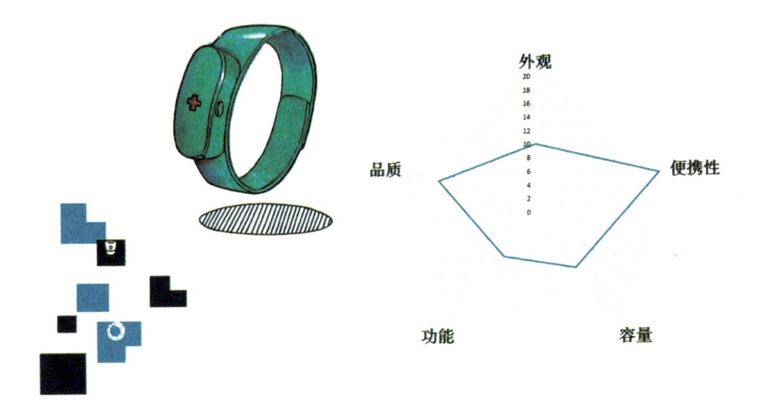

设计展开

◆分析方案三

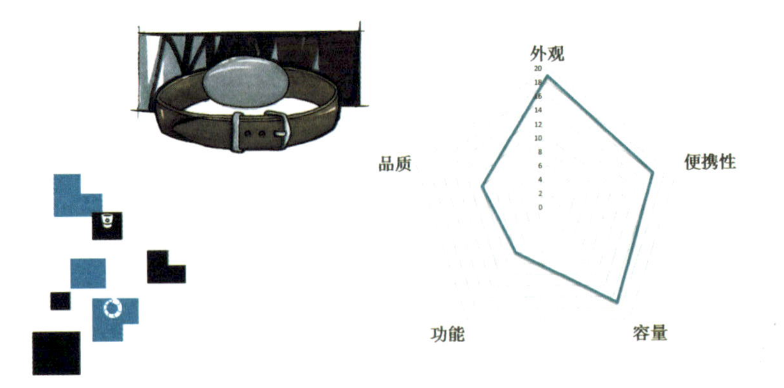

设计展开

◆分析方案四

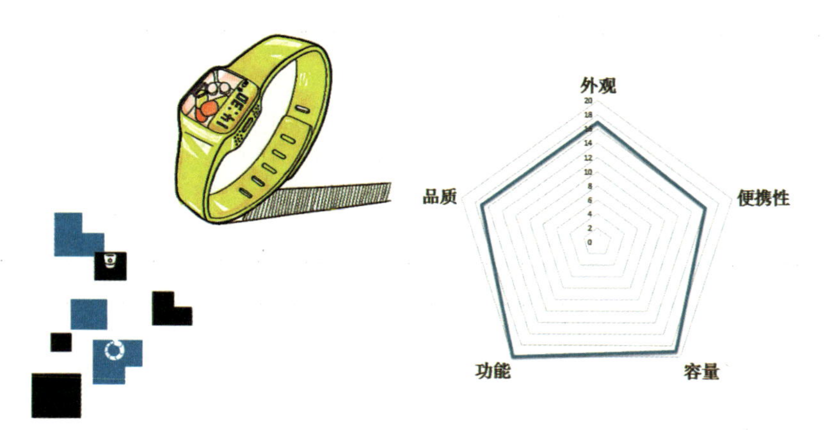

设计展开

◆分析方案五

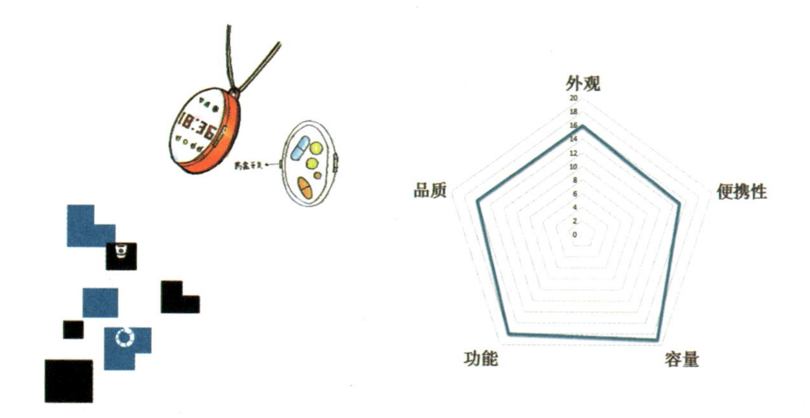

设计展开

◆分析方案六

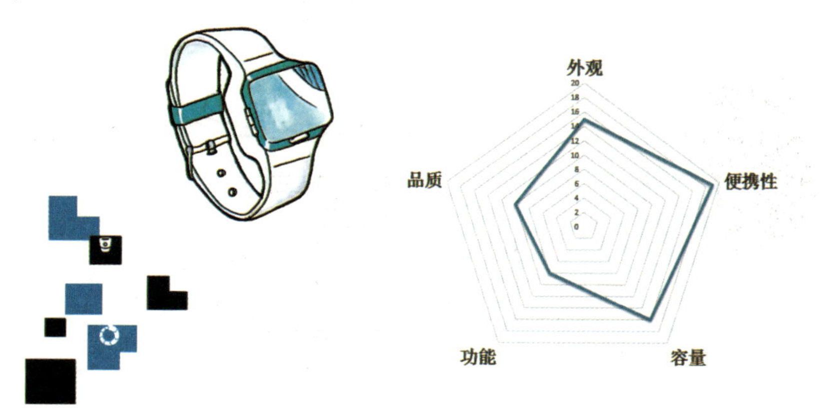

设计展开

◆选定方案

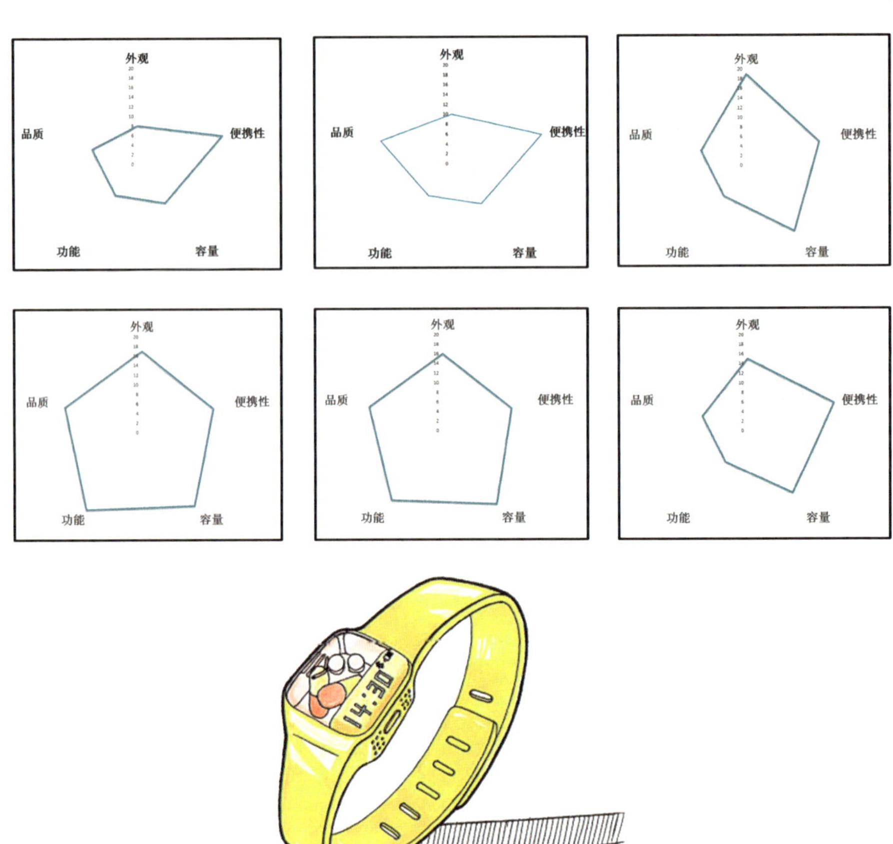

根据雷达图分析，综合考虑，确定方案四。

方案确定

◆三视图

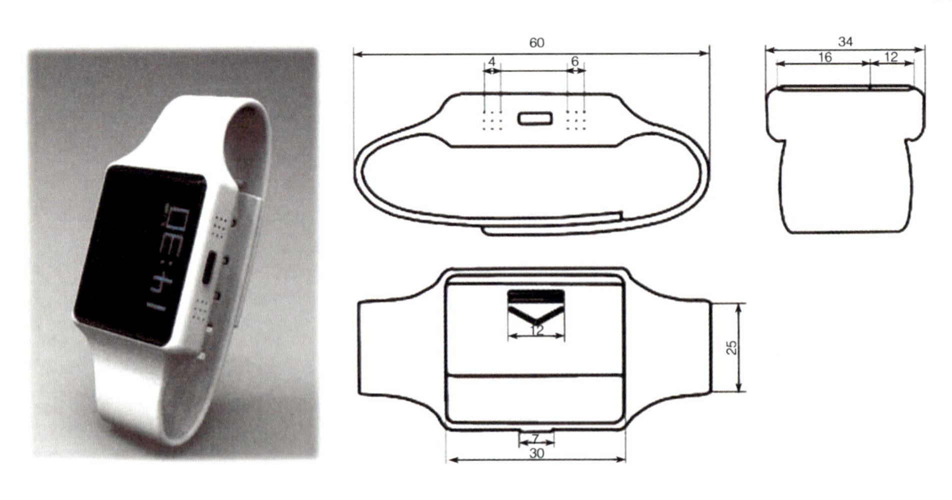

方案确定

◆色彩方案

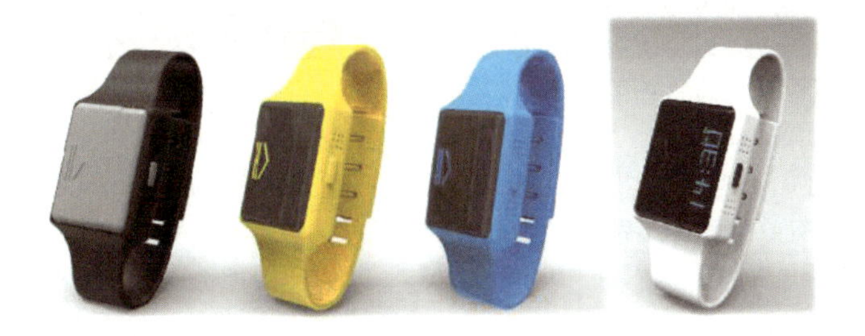

深入设计

◆人机分析一

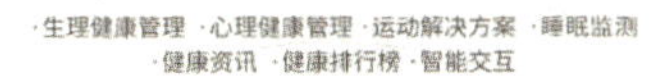

扩展

1. 硅胶腕带，可调大小，贴合肌肤，无刺激感。

2. 一键息屏，通过蓝牙与手机 App 连接。

3. 设置吃药闹钟提醒，随时随地不怕忘。

4. 监测心率、运动状态等，帮助养成良好习惯。

5. 滑动开关，隔尘卫生，方便携带将 HQ 智能药盒戴在手腕，与平时使用的手环或手表没有太大区别，无论是办公、学习，还是老人出门遛弯、下棋，再也不用担心忘记吃药的问题，提高生活质量；其智能监测功能，有助于培养良好的生活习惯

深入设计

◆人机分析二

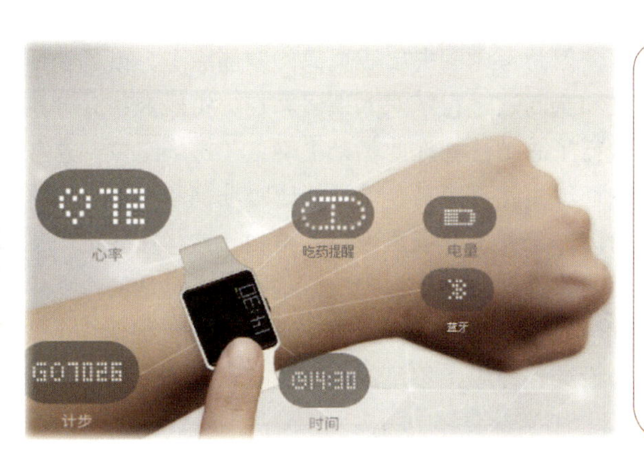

扩展

通过手机 App 的操作，与用户之间进行互动，在当下社会环境中是一种很受欢迎的人机交互方式。

通过检测身体状况以及反映运动情况，用户可以很清晰地了解到自己时刻的状态，在快节奏的城市生活中找寻到自我的生活规律。

热爱生活，注重生活品质的人会更偏爱此产品；多种配色方案的风格不同，适合各个年龄阶段的用户佩戴

综合评价

优点	缺点
1. 外形简约，多种配色，适合各年龄阶段。 2. 方便易携，结构简单。 3. 有了智能药盒的提醒，便不会出现“有一顿没一顿地服药”情况，有效帮助病人病情的缓解与治疗。 4. 智能监测，随时随地，开启品质生活。 5. 硅胶内层易清洗，干净卫生。	1. 药盒容量只能解决一顿药的问题，需要人为放入下一顿的药。 2. 需要手机 App 设定，不适用于不接触智能手机的老年人使用。 期望：能够改进开关的防误触功能；减少单键操作的复杂程度，使用户可以单键设定吃药提醒闹钟。

展示版面

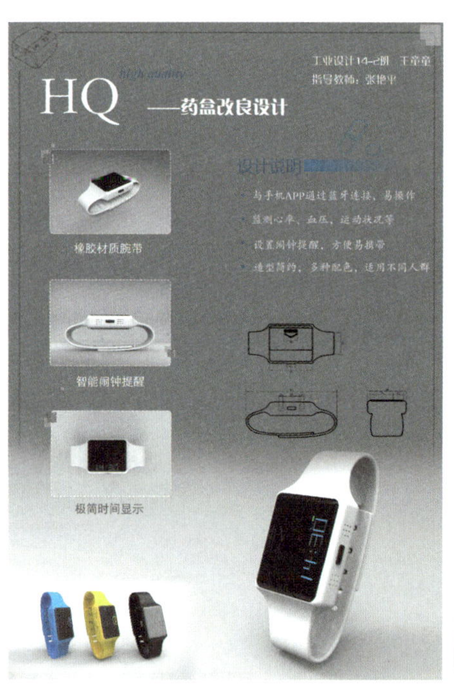

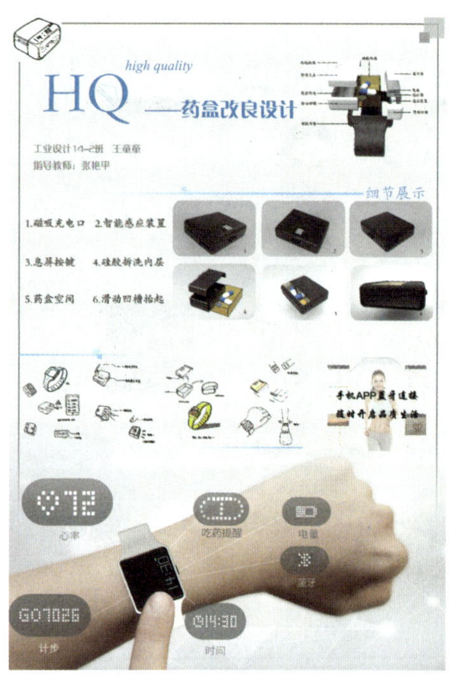

王童童同学的设计程序整体比较完整（目录部分因为考虑图书出版页码问题删除），市场调研部分工作做得比较充分、细致，分别用到了查阅法和询问法进行了深入调研。在分析研究部分分别应用坐标轴法和思维导图分析法对市场调研部分进行了总结，并在此基础上确定了市场定位，这些都为后期的设计奠定了扎实的理论基础。方案草图表现虽然不完美，但是能比较准确和生动地表达出设计者的设计意图，值得同学们借鉴。在草图阶段一定要多角度表现产品结构，这样才能把产品的全貌准确地再现出来，而且一定要有适当的参照物作为产品比例的参考，这些在王童童的作业中都做得比较好。针对 6 套产品构思方案，王童童同学应用雷达图的分析方法确定了一套综合性能较优的方案，并围绕该方案进行了深入设计。在整个设计程序中，不足的地方是在人机分析部分的深入度还有待完善。

第三节　产品设计的创意思维方法

一、设计思维的基本理念

设计思维是以解决方案为导向，从目标或者要达成的成果着手，探索问题中的各项参数变量及解决方案。这种类型的思维方法经常用于对人工建成环境的改善上，因而也称得上是一种积极改变世界的信念体系。

（1）设计思维是一种运用智慧、整合技术来改善世界的信念体系。

（2）设计思维是一种可以学习的、创造性解决问题的方法论，是一种被各种领域广泛应用来改进流程、产品或服务的创新设计模式。

（3）设计思维是将科技、商业和人文思维跨专业地整合到自由、敏感、融合、形象的创新思维模式中来，更全面和深刻地洞察问题、了解需求、突破限制、催化创意，通过原型制作和不断检测迭代来改进创意，直至物化为产品并能获得认可和应用的过程。

设计思维是设计活动的基础，也是设计活动的主要组成部分，它包含了设计中调查、构想、选择、决策等若干部分，与设计表现共同构成设计活动的主体。

二、设计思维的特征

设计思维深入的前提是设计者应首先对设计的概念有正确认识。

（1）设计思维的科学性：设计思维的科学性表现为一种理性，即对于设计物化为产品过程的客观规律的尊重。

（2）设计思维的经济性：因为设计最终要物化为产品，要进入民众的消费生活，因此多数的设计思维中必须包含经济性成分，如考虑到产品从生产到销售过程中的成本、产品投放到市场后的经济效益等。

（3）设计思维的形象性：人们对于环境事物的感觉经验，都源于过去的接触积累，即使不经肌体接触，也能判断它的软硬、粗细、轻重、冷热……尽管因生活背景、学习经验各异，但经过不自觉的归纳、秩序化的本能，多数人内心深处沉淀的感官经验是基本相似的。

（4）设计思维的丰富性：设计可以从多种渠道获得创意灵感，其思维以丰富的理念为特征。

（5）计算机技术给设计思维带来变革：计算机技术在设计学科中的广泛运用，带来了设计方法和观念的变革，成为设计和创作的新趋势和新动向。首先，计算机虚拟技术的发展和在设计领域中的应用，使设计中艺术与技术的隔膜——即设计物化为产品过程的隔膜得以消失，也使传统的设计程序发生了根本变化，即有可能实现真正意义上的“并行设计”，使设计作品能综合艺术、结构、工艺、技术、材料、经济等多方面的因素，以谋求最佳、最完善的实现途径，使设计最终物化为产品时得到理论上的可行性和经济性的高度整合，成为检验设计的重要手段。

三、设计思维的类型

思维形式是指头脑的作用，即指导人们进行设计的心智机制。思维形式也称思维模式或思维方式。

思维虽然存在于人们的一切活动之中，并通过其表现出来，但由于诱发思维产生、出现的条件的差异性，人们的思维形式多种多样，这些不同的思维形式表现出各自的特征。

1. 抽象思维

抽象思维也称逻辑思维，是认识过程中用反映事物共同属性和本质属性的概念作为基本的思维形式，是凭借概念、判断、推理而进行的反映客观现实的思维活动，是在概念的基础上进行判断、推理，反映现实的一种思维方式。

归纳和演绎、分析和综合、抽象和具体等，是抽象思维中常用的方法。归纳，即从特殊、个别事实推向一般概念、原理的方法；演绎，则是由一般概念、原理推出特殊、个别结论的方法。分析，是在思想中把事物分解为各个属性、部分、方面，分别加以研究；综合则是在头脑中把事物的各个属性、部分、方面结合成整体。作为思维方法的抽象，是指由感性具体到理性抽象的方法；具体则是指由理性抽象到理性具体的方法。它们都是相互依存、相互促进、相互转化、相互联系的。

在工业造型设计中，常常利用抽象的点、线、面、体进行设计练习，从产品的本质功能出发，利用简洁的几何形造型元素进行设计。图 2-26 所示为利用抽象造型元素点、线、面设计的复印机。把自然界中的动物造型进行归纳和抽象化运用在设计实践中是取得创新性设计的绝佳途径。

2. 形象思维

形象思维是一种表象——意象的运动，其通过实践由感性阶段发展到理性阶段，最后完成对客观世界的理性认识，在整个思维过程中一般不脱离具体的形象。形象思维是通过想象、联想、幻想，运用集中概括的方法而进行的思维，常常伴随着强烈的感情、鲜明的态度。形象思维的技巧能够通过练习而学会、得到提高。

图 2-26　复印机

如图 2-27 所示，“协和”飞机的外形设计，是对鹰的仿生。但其设计构思，既不是对鹰的外形表象的简单复现，也不是对以往所有飞机外形的照搬，而是设计师根据“协和”飞机的各种功能要求，在上述“鹰”的表象的基础上，有意识、有指向地进行选择、组合、加工后形成的新形象——即意象。

形象思维在每个人的思维活动和人类所有的实践活动中，均广泛存在，具有普遍性。

钱学森认为：“人们对抽象思维的研究成果曾经大大地推动了科学文化的发展，我们一旦掌握形象思维学，会不会用它来掀起又一次新的技术革命呢？这是值得品味的思想。”

图 2-27　“协和”飞机

形象思维的主要表现方法有：

（1）模仿法。模仿法是指人们对自然界各种事物、过程、现象等进行模拟，科学类比（相似、相关性）而得到新成果的方法。很多发明创造都建立在对前人或自然界的模仿的基础上，如模仿鸟发明了飞机，模仿鱼发明了潜水艇，模仿蝙蝠发明了雷达等。

人的创造源于模仿。大自然是物质的世界、形状的天地，自然界将无穷信息传递给人类，启发了人的智慧和才能。高楼大厦源于“鸟巢”“洞穴”等（如模仿贝壳的悉尼歌剧院，如图 2-28 所示）；飞机的原型是天空的飞鸟……。从人造物的最基本功能来看，其原型都源于自然界。超音速飞机高速飞行时，机翼产生有害振动甚至会使其折断，设计师为此绞尽脑汁，最后终于在机冀前缘设置了一个加强装置才有效地解决了此问题。令人吃惊的是，早在 3 亿年前，蜻蜓翅膀的构造就解决了这个难题——在其翅膀前缘上有一处较厚的翅痣区。

图 2-28　悉尼歌剧院

人们自觉地把生物界作为各种技术思想、设计原理和创造发明的源泉，产生了新兴的科学——仿生学。J.E. 斯蒂尔博士将仿生学定义为：“仿生学是模仿生物系统的原理来建造技术系统，或者使人造技术系统具有或类似于生物系统特征的种子。”其研究范围为机械仿生、物理仿生、化学仿生、人体仿生、智能仿生、宇宙仿生等，其中有的是功能、结构的仿生，有的是形态、色彩的仿生，另外，也有抽象、具象仿生之分。如图 2-29、图 2-30 所示就是利用仿生设计的小容器与苍鹭台灯。

图 2-29　利用熊的形态仿生设计的小容器

图 2-30　苍鹭台灯

（2）想象法。想象法即在大脑中抛开某事物的实际情况，而构成深刻反映该事物本质的简单化、理想化的形象。直接想象是现代科学研究中被广泛运用进行思想实验的主要手段。

例如，希望点列举法就是想象法的一个具体设计技法。希望点列举法，就是把事物的一切要求想象成“如果是这样，那就好了”之类的想法，一个一个地列举出来，从中寻觅可行的希望点，作为技术创造活动的目标。例如，对圆珠笔的希望，可以想象成：

① 流出的油墨均匀一点。

② 能有两种以上的颜色。

③ 书写时粗细自由。

④ 在任何地方都能书写。

⑤ 不漏油墨。

⑥ 不经常换笔芯。

⑦ 书写流利，不划破纸张。

⑧ 夜间能照明写字。

⑨ 既能写字，又能做计算器用。

⑩ 兼有录音功能的圆珠笔。

（3）组合法。组合法即从两种或两种以上事物或产品中抽取合适的要素重新组合，构成新的事物或新的产品的创造技法。常见的组合技法一般有同物组合、异物组合、主体附加组合、重组组合四种。如图 2-31 所示，看似普通的汤勺和筷子，事实上却有着意想不到的功能，当人们使用完筷子之后，套在匙子上，可以保持筷子的卫生；而当人们需要使用汤匙时，筷子则自然而然地成了汤匙的匙柄，而汤匙在不使用时还能作为调料碟使用，真可谓多功能、全方位的小设计。

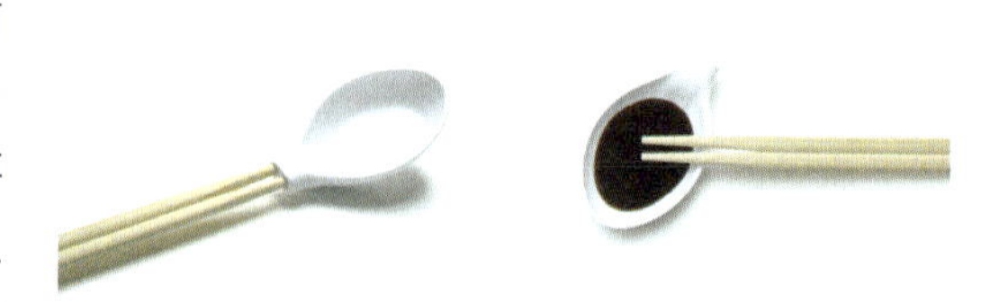

图 2-31　巧妙的餐具组合

（4）移植法。移植法是将某一个领域中的原理、方法、结构、材料用途等移植到另一事物中，从而创造出新产品的创新方法。有一位著名的发明家说过："移植发明是科学研究最有效、最简单的方法，也是应用研究最多的方法之一。"移植法主要有原理移植、方法移植、功能移植、结构移植等类型。例如，将电视技术、光纤技术移植于医疗行业，产生了纤维胃镜、纤维结肠镜、内窥技术等，减少了病人痛苦，提高了诊断水平；激光技术、电火花技术应用于机械加工，产生了激光切割机、电火花加工机床等新设计、新产品。

拉链的设想，是美国发明家 W・L・贾德森所提出的，并于 1905 年申请了专利。其"开""合"功能，经一个世纪的发展几乎渗透到了人类生产、生活的每个角落，成为 20 世纪重大发明之一。衣、裤、鞋、帽、裙、睡袋、公文包、文具盒、钱包、沙发垫……无处不见拉链。目前，拉链又被移植到了医疗、食品工业中，美国外科医生 H・史栋，将拉链技术移植于人体胰脏手术后腹部的炎症处理，将他夫人裙子上用的一根 7 英寸（18 厘米）拉链消毒后直接缝合于病人刀口处。医生可随时打开拉链检查腹腔内病情，使病人不必多次开刀、缝合，大大减轻了病人痛苦，康复率提高，从而开创了"皮肤拉链缝合术"。食品工业中也出现了"拉链式香肠保鲜技术"，延长了保质期，便于出售及食用。

有位学生提出面包是怎样做的，老师告诉他面包是由面粉经发酵加工而成的，烤面包时，由于面包内部产生大量气体，使面包体积膨胀，变得松软可口。这引起学生的好奇与思考，马上又有位学生提出："我们能不能把这种面包发泡技术进行系列研究开发新产品，以求创新呢？"于是，大家查阅各种资料，讨论出许多移植法：

（1）移植到食品加工——发泡面、发刨冰……

（2）移植到喂牲畜——发酵发泡饲料。

（3）移植到包装、运输、保温、隔声等领域——发泡塑料。

（4）移植到采光材料——发泡玻璃，采光柔和又不透明、质轻。

（5）移植到金属——发泡金属、质轻而坚韧。

（6）移植到隔热品——发泡橡胶。

（7）移植到工业产品——发泡水泥。

（8）移植到超轻型纱布代用品——发泡树脂。

3. 直觉思维

直觉是人类一种独特的“智慧视力”，是能动地了解事物对象的思维闪念。直觉思维能依据少量的本质性现象为媒介，直接把握事物的本质与规律。直觉是一种不加论证的判断力，是思想的自由创造。

伟大的科学家爱因斯坦认为：“真正可贵的因素是直觉”。他认为科学创造的原理可简洁表达成：经验——直觉——概念——逻辑推理——理论。

1912 年，法国气象工作者 A·L·魏格纳从地图上发现了非洲西海岸与南美洲东海岸的轮廓十分吻合，利用直觉思维，一位气象学家创造了地质学的新学说——大陆漂移说。

当然，直觉思维也可能有其自身的缺点。例如，容易把思路局限于较狭窄的观察范围里，会影响直觉判断的正确、有效性，也可能会将两个本不相及的事儿纳入虚假的联系之中，个人主观色彩较重。所以，直觉思维的关键在于创新者主体素质的加强和必要的创造心态的确立。而且，还必须有一个实践检验过程，这是重要的科学创造阶段。

4. 灵感思维

灵感是人们借助于直觉启示而对问题得到突如其来的领悟或理解的一种思维形式，是创造性思维最重要的思维形式之一。

现代科学已经证明，灵感不是玄学而是人脑的功能。在大脑皮层中有对应的功能区域，即由意识部和潜意识部两个对应组织所构成的灵感区。灵感的出现依赖于知识长期的积累，依赖于智力水平的提高，依赖于良好的精神状态、和谐的外界环境，依赖于长时间、紧张地思考和专心地探索。

法国数学家热克·阿达马尔把灵感的产生分为：准备、潜伏、顿悟、检验四个阶段。

5. 发散思维

发散思维又称求异思维或辐射思维，它不受现有知识和传统观念的局限与束缚，是沿着不同方向多角度、多层次去思考、去探索的思维形式，如图 2-32 所示。其特点是从给定的信息中产生多种信息输出。

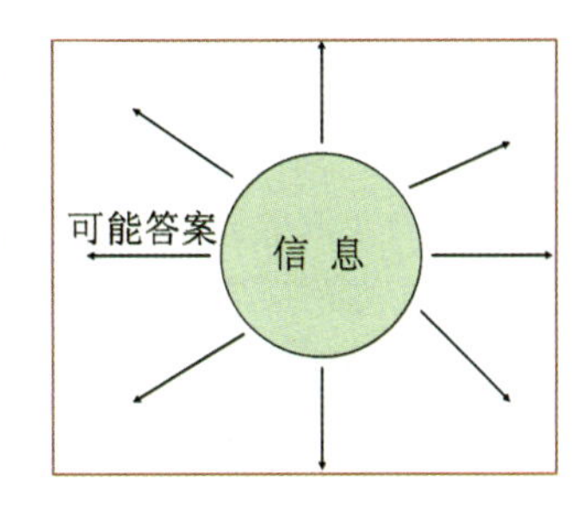

图 2-32　发散思维模式示意图

这种思维的过程是：以想解决的问题为中心，运用横向、纵向、逆向、分合、颠倒、质疑等方向，考虑所有因素的后果，找出尽可能多的答案，从诸多答案中，找出最佳的一种，以便最有效地解决问题。

衡量发散思维有三个指标：

（1）流畅性：能在短时间内表达出较多的概念、想法，表现为发散的“个数”指标，反映发散思维的速度。

（2）变更性：思维不局限于一个方面、一个角度，表现为发散的“类别”指标，反映发散思维的灵活。

（3）独特性：能提出超乎寻常的新观念，表现为发散的“新异、独到”指标，反映发散思维的本质。

6. 收敛思维

收敛思维又称集中思维、求同思维或定向思维，是以某一思考对象为中心，从不同角度、不同方面将思路指向该对象，以寻找解决问题的最佳答案的思维形式，如图 2-33 所示。

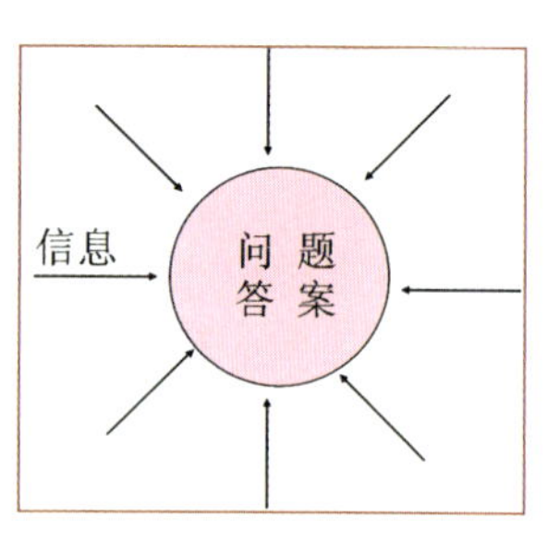

图 2-33 收敛思维模式示意图

在创造性思维过程中，发散思维与收敛思维模式是相辅相成的，只有将二者很好地结合使用，才能获得创造性成果。

7. 分合思维

分合思维是一种把思考对象在思想中加以分解或合并，以产生新思路、新方案的思维方式。例如，从面块和汤料的分离，发明了方便面；将衣袖和衣身分解，设计了背心、马夹；把计算机与机床合并，设计了数控机床……

8. 逆向思维

逆向思维即把思维方向逆转，是用与原来的想法对立的或表面上看来似乎不可能并存的两条思路去寻找解决问题办法的思维形式。逆向思维即敢于“反其道而行之”，让思维向对立面的方向发展，从问题的相反面深入地进行探索，树立新思想，创立新形象。

受阅历与教育的影响，对于某一样事物，人们都有自己固有的思维认识。逆向思维却是反其道而行，旨在突破思维定式。逆向思维的要点并不在于能做什么，能激发出什么样的创意，而是在同样的大创意环境下，因为现有的创意表现不了什么（或者说实现不了什么创意），当人们认为做不到的时候，往往别人也觉得做不到（或许也许可能），所以如果能实现他人不能实现的创意，那就是自己和他人最大的差异之处，所出的创意也往往会起到意想不到的效果。

例如，日本是一个经济强国，却又是一个资源贫乏国，因此他们十分崇尚节俭。当复印机大量吞噬纸张的时候，他们将一张白纸正反两面都利用起来，一张顶两张，节约了一半。日本理光公司的科学家不以此为满足，他们通过逆向思维，发明了一种“反复印机”，即已经复印过的纸张通过它以后，上面的图文消失了，重新还原成一张白纸。这样一来，一张白纸可以重复使用许多次，不仅创造了财富，节约了资源，而且使人们树立起新的价值观：节俭固然重要，创新更为可贵。

在日常生活中，有许多通过逆向思维取得成功的例子。某时装店的经理不小心将一条高档裙子烧了一个洞，其价值一落千丈。如果用织补法补救，也只是蒙混过关，欺骗顾客。这位经理突发奇想，干脆在小洞的周围又挖了许多小洞，并精于修饰，将其命名为“凤尾裙”。一下子，“凤尾裙”销量大增，该时装店也出了名，逆向思维带来了可观的经济效益。

9. 联想思维

联想思维是一种把已掌握的知识与某种思维对象联系起来，从其相关性中得到启发，从而获得创造性设想的思维形式。联想越多、越丰富，则获得创造性突破的可能性越大。因为，所有的发明创造，不会与前人、与历史、与已有知识截然割裂，而是有联系的，问题是能否将其与要进行思维的对象相联系、相类比。

联想思维包括：

（1）相似联想：是指由一个事物外部构造、形状或某种状态与另一种事物的类同、近似而引发的想象延伸和连接。

（2）相关联想：是指联想物和触发物之间存在一种或多种相同而又具有极为明显属性的联想。例如，看到鸟想到飞机。

（3）对比联想：是指联想物和触发物之间具有相反性质的联想。例如，看到白色想到黑色。

（4）因果联想：源于人们对事物发展变化结果的经验性判断和想象，触发物和联想物之间存在一定因果关系。例如，看到蚕蛹就想到飞蛾，看到鸡蛋就想到小鸡。

（5）接近联想：是指联想物和触发物之间存在很大关联或关系极为密切的联想。例如，看到学生想到教室、实验室及课本等相关事物。

四、创意设计思维的方法

毛泽东把方法比喻为过河的“桥”或“船”：“我们不但要提出任务，而且要解决完成任务的方法问题。我们的任务是过河，但是没有桥或没有船就不能过河。不解决桥或船的问题，过河就是一句空话。不解决方法问题，任务也只能是瞎说一顿。”产品设计中设计的构思、定位方法有很多种，掌握好设计的构思方法能够帮助设计师迅速、准确地解决设计过程中遇到的问题。

1. 借鉴创意法

借鉴创意法即在其他产品领域中得到启发，将原理、结构或造型“借鉴”过来使用，从而产生新的产品。借鉴创意法可以从人们已知的一切入手，如街边的路牌、途中的风景、斑驳的墙漆、月夜下的街灯，或者同行的案例启发，这些都是可以吸取的地方。上网是积累各方面知识及了解时下流行视觉趋势的好方法，无形中也丰富了人们的创意阅历，为借鉴创意种下良好的种子。在工作中，当人为找不出一个好的创意解决方案而挠头时，可以吸取日常工作、生活中的所见所闻，从其中的一个点或者一个表现出发，借鉴其成功之处，拓宽创意思路，结合项目现状，给出优质的创意设计。

借鉴创意法适用于短平快，但又要求有细节的项目。

2014 年 10 月，在国外一募集资金的网站上出现一款炫酷的空气伞（Air Umbrella）。这款雨伞只有一个伞柄，是靠伞柄顶部朝四面八方吹气，使得雨水不会掉落下来。空气雨伞运行时噪声微弱，甚至比周围降雨的声音都小，当开启它时会形成一个直径 1 米的伞面，如果雨滴较大，通过扭动雨伞底部可以扩大伞面直径，可以保证两个人不被雨水淋湿。该装置颇似一把权杖，但是没有传统雨伞的伞面，其中有一个锂电池驱动内置风扇运行。伞的底部有一个按钮，控制开启和关闭，底部可以扭动，来改变气体喷射形成的隐形伞面直径大小。在锂电池的顶端是一个发动机，从雨伞底部抽吸气体至顶端，之后再喷射出去，这样形成一个气体遮篷，可吹散降落的雨滴。当然这只是一个概念设计，到成型生产还需要解决很多技术问题，如图 2-34 所示。

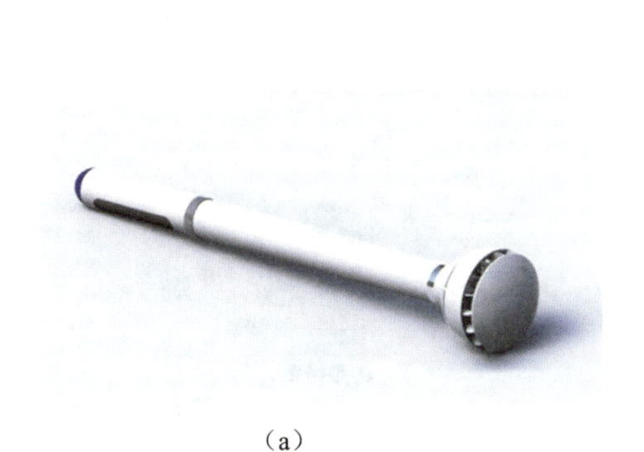
（a）

（b）

图 2-34　空气雨伞概念设计

如图 2-35 所示，该灯以松果为原型做成，崇尚自然元素，悬挂在家中，无疑是一种个性时尚的宣告，还能给家中带来一种自然新鲜之感。该灯内部没有骨架，每一片叶片都环环相扣。

图 2-35 松果灯

应该注意的是，同类产品的造型借鉴是仿造而不是类似，从无关的制品中引入某种概念，加以再设计，才是借鉴设计概念。

2. 情景（情感）映射创意法

情景映射创意法也称情境法、剧本法，即在工业设计的用户研究中，以用户为导向，从不同目标用户个体处搜集故事（他们的生活体验、生活方式等），设计时把自己置身于一个情景中来体会使用者的需要。这种方法是根据设计方案，以虚构或者模拟的方式，假定一些产品使用过程中的情景和故事，并用漫画的形式加以表现。情景映射创意法是把人们所要表达的概念化的、抽象化的东西（如文案、主题等）丰富化，立体化，把这些所要表达的概念逐步地从低级抽象向高级抽象演变，直至获得满意的创意表达为止。

例如，在想到春天的时候，人们在脑海里会出现不同的元素，丰富而有诗意，绿色、和风、细雨、春泥、青草，还有风筝、燕子、踏青等，由此，可以充分发挥人们的主观能动性，融合主题创造出富有感染力的创意画面，如图 2-36 所示。其特点：较适用于短平快，对情感有一定诉求的项目。

图 2-36 情景（情感）映射创意法

情景映射创意法的进行要求是对一个想法进行纵向深入发掘。生活中，每个人都是独一无二的，不同的成长历程赋予了人们不同的阅历、不同的性格、不同的想法与世界观，每个人都有自己独一无二的想象力、理解力和判断力。所以，当人们面对同一件事物时，会做出不同的情感反映。同样，在日常创作过程中，也就有了不同视觉风格，不同创意想法的出现。

3. 思维导图创意法

思维导图创意法要求有较好的视觉表现力，适合思想深度、延展度的项目，如海报、平面、广告、多媒体等。

思维导图是一种放射性的创意模式，被认为是最自然的一种创意工具，很多时候，当项目对创意表达有较高的要求时，它是一个既简单有效又具有美感的创意工具。思维导图创意法是以需要解决的问题为起点，把人们所认识的与问题有关的元素进行联想细分，向外延展，充分发挥联想的创造力。然后再把这些之前创造性的想法都结合起来，进而激发出创意的火花，如图 2-37 所示。

图 2-37 思维导图创意法

从图 2-37 中可以看出，这里的思维导图创意法可以理解成横向情景映射创意法的集成应用，只是在初始阶段就展开，先延展再关联。

4. 头脑风暴法

头脑风暴法也称畅谈会法，简称 B-S 法，这种方法是以会议形式对某个方案进行咨询或讨论，会议始终保持自由、融洽、轻松的气氛，与会者无拘无束地发表自己的见解，不受任何限制，其他人则从发言中得到启示，进而产生联想，提出新的或补充意见，这样，当会议结束时，一个充满新意的方案随之诞生了，如图 2-38 所示。

图 2-38　头脑风暴法与逆向思维法

头脑风暴法的特点是众志成城，是集众人才智解决创意缺失的良好方法，是众多创意方案的集合，是创意工作中的捷径。头脑风暴法的具体过程为：小组人数一般为 10 ~ 15 人，时间一般为 20 ~ 60 分钟，设主持人一名，主持人只主持会议，对设想不做评论，设记录员 1 ~ 2 人，要求认真将与会者的每一个设想完整地记录下来。

头脑风暴法较适用对整体创意有较高要求的项目，如大中型项目的创意起始阶段。

头脑风暴法的局限性：头脑风暴法对会议的主持人有一定要求，要求具备相当强的专业性与组织能力。在创意工作开始的时候，头脑风暴法确实是优秀的且可行性很高的创意方法之一。

头脑风暴法的实施要求：

（1）确定风暴主题。

（2）确定主持人（负责主持风暴创意会议，对各创意进行记录）。

（3）风暴与会人员积极对主题进行创意发言，避免出现争执及重复创意。

（4）集合所有创意方案，把方案再进行循环深化风暴。

（5）最终探讨并选出可行性最佳的创意方案。

一次成功的头脑风暴除了在程序上的要求之外，更为关键的是探讨方式、心态上的转变，概言之，即充分、非评价性的、无偏见的交流。具体而言，则可归纳为以下几点：

（1）自由畅谈。参加者不应该受任何条条框框限制，放松思想，让思维自由驰骋。从不同角度、不同层次、不同方位，大胆地展开想象，尽可能地标新立异，与众不同，提出独创性的想法。

（2）延迟评判。头脑风暴必须坚持当场不对任何设想做出评价的原则。既不能肯定某个设想，也不能否定某个设想，更不能对某个设想发表评论性的意见。一切评价和判断都要延迟到会议结束以后才能进行。

（3）禁止批评。绝对禁止批评是头脑风暴法应该遵循的一个重要原则。参加头脑风暴会议的每个人都不得对别人的设想提出批评意见，因为批评无疑会对创造性思维产生抑制作用。同时，发言人的自我批评也在禁止之列。

（4）追求数量。头脑风暴会议的目标是获得尽可能多的设想，追求数量是它的首要任务。参加会议的每个人都要抓紧时间多思考，多提设想。至于设想的质量问题，自可留到会后的设想处理阶段去解决。在某种意义上，设想的质量和数量密切相关，产生的设想越多，其中的创造性设想就可能越多。

5. 仿生设计方法

产品仿生设计作为一种设计方法，融合了产品设计和仿生学与仿生设计学的理论和方法。从广义上讲，产品仿生设计是对生物、生物本身所在的环境和生物的行为方式进行模拟和借鉴应用，但不是对功能、结构、形态、色彩等方面的单纯简单复制，而是根据产品设计的需要，有针对性地结合性使用。从狭义上理解，产品仿生设计是对被仿生对象的特征，包括其形态、色彩、肌理等进行模仿。仿生设计方法是以自然界万事万物的“形”“色”“音”“功能”“结构”等为研究对象，有选择地在设计过程中应用这些特征、原理进行的设计，是仿生学研究成果在人类生存方式中的反映。

产品仿生设计的类型为：

（1）形态仿生。形态仿生设计是对生物体的整体形态或某一部分特征进行模仿、变形、抽象等，借以达到造型的目的，这种设计方法可以消除人与机器之间的隔膜，对提高人的工作效率、改善工作心情具有重要意义。形态仿生从其再现事物的逼真程度和特征来看，可分为具象仿生和抽象仿生。

① 具象仿生。具象仿生是指在外观形态上接近模仿的自然对象，较为直观地呈现出仿生物的形态特征，容易被使用者解读。具象仿生强调的是一目了然式的识别性与认同感，使产品的形态具有情趣、活泼可爱的特点。具象形态的仿生对具象形态进行突出、概括的表现，使其产生富有视觉效果的艺术魅力，人们乐于接受。具象仿生在玩具、工艺品、日用品方面应用比较多，但由于其形态的复杂性，很多工业产品不宜采用具象仿生，如图 2-39 所示。

（a）　　（b）

图 2-39　具象仿生

（a）具象仿生之仿大蒜调味瓶；（b）具象仿生之仿小鸟晨鸣时钟

② 抽象仿生。抽象仿生是从自然物原型出发，通过概括、抽象，从整体上反映事物独特的本质特征，正所谓源于具象又超越于具象。抽象仿生的形态具有丰富的想象性，不同的主体对此形态会有不同的认识和理解，其呈现模糊、差异和多义的特征。对原生形态必须经过抽象才能应用于产品设计，如图 2-40 所示。

（a）　　（b）

图 2-40　抽象仿生之瓢虫 CD 架

（2）功能仿生。功能仿生主要是研究生物体和自然界物质存在的功能原理，深入分析生物原型的功能与构造、功能与形态的关系，综合表现在产品形态设计中的方法。换句话说，更多的功能仿生是根据生物系统某些优异的特点来捕捉设计灵感的，通过技术上的模拟使其具有更优越的性能的产品。

地球上的各种生物，在其进化过程中，拥有了适应环境的各种能力，而且其进化程度接近完美，人类模仿生物的功能进行物质改良与创新是一种常用的方法。

风暴来临的声波，人耳无法听到，水母却很敏感。仿生学家发现，水母的共振腔里长着一个细柄，柄上有个小球，小球内有块小小的听石，当风暴来临前的次声波冲击水母耳内的听石时，听石就会刺激球壁上的神经感受器，于是水母就听到了正在来临的风暴的隆隆声。模拟海蜇感受次声波的器官，科技人员设计出一种“水母耳”仪器，由喇叭、接收次声波的共振器和把这种振动转变为电脉冲的转换器以及指示器组成，可提前 15 小时左右预报风暴。将这种仪器安装在船的前甲板上，喇叭做 360° 旋转，当它接收到 8 ~ 13 赫兹的次声波时旋转自动停止，喇叭所指示的方向，就是风暴将要来临的方向。指示器还可以告诉人们风暴的强度，这对航海与渔业生产有重要意义。

（3）结构仿生。结构仿生主要研究生物体和自然界物质存在的内部结构原理在设计中的应用问题，通过研究生物体整体或部分的构造组织形式，发现其与产品潜在相似形进而对其模仿，以创造新的形态或解决新的问题。结构仿生适用于产品设计和建筑设计，其研究最多的是植物的茎、叶以及动物形体、肌肉、骨骼的结构，如图 2-41 所示。

（a）

（b）

（c）

图 2-41　仿蜂巢结构

（a）仿蜂巢结构灯具；（b）仿蜂巢结构椅子；（c）仿蜂巢结构凳子

（4）色彩仿生。色彩仿生是指通过研究自然界生物系统的优异色彩功能和形式，并将其运用到产品形态设计中。在产品设计上，色彩不仅具备审美性和装饰性，还具备象征性的符号意义。作为首要的视觉审美要素，色彩深刻地影响着人们的视觉感受和心理情绪。人类对色彩的感觉最强烈、最直接，印象也最深刻。色彩对产品意境的形成有很重要的作用，在设计中色彩与具体的形象结合，能使产品更具生命力，如图 2-42 所示。

自然界中存在着千姿百态的色彩组合，在这些组合中大量的色彩表现得极其和谐与统一，体现出色彩理论中的各种对比与调和关系，并经过不断进化适合物种生存的需要。色彩仿生是指通过研究自然界生物系统的优异色彩功能和形式，并将其运用到产品形态设计中。色彩的掩护作用是一种光学上的掩饰，一种迟缓获取视觉信息的欺骗性伪装。自然界中有很多动物，如树叶蝶，能随环境的变化迅速改变体色来保护自己的安全，色彩的这种保护、伪装作用首先被人类借鉴于国防工业，陆军的“迷彩服”就是很好的例子，绿色或黄褐色斑点与野战中周围的环境色近似，能掩护主体对象不易被敌方发现，提高安全性。

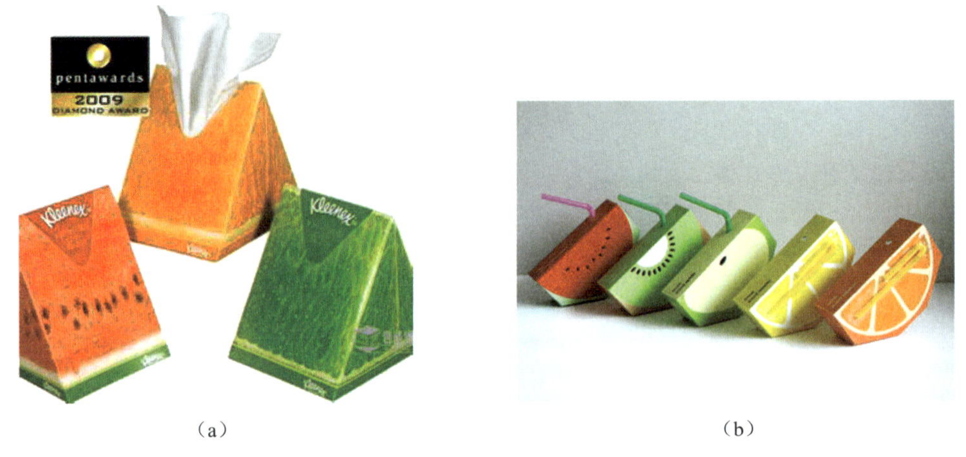

（a） （b）

图 2-42 色彩仿生

（a）色彩仿生之餐巾纸包装；（b）色彩仿生之饮料包装

6. 传统特色研究法

我国传统文化元素凝聚了几千年华夏文明，积淀深厚，是一个民族文化、生活的表现，要善于把广大人民群众心中根植的传统文化元素从生活中提取出来，并将其精华融入现代设计理念当中，在传统文化中加入现代的时尚元素。如何传承文明，使具有中华民族特性的设计呈现于世界，是中国设计师的责任，也是其创作归宿。

传统，代表了人类思想与文化的共同追求，是民族文化精神的核心，起着凝聚民族精神及力量的作用，并反过来让其得到寄托和延续。传统文化是艺术设计的源泉，我国地大物博，民族众多，各个民族在特定的地域环境下，形成了不同的生活习俗和文化背景。在漫长的历史进程中，渐渐形成了花样繁多、形色各异的传统图腾、纹路及艺术形式，这些民族艺术精粹都包含十分深刻的文化含义，体现出各个民族的文化内涵及审美情操，都是艺术设计中值得引用、借鉴的核心。传统就是生活文化的精华体现，作为生活衍生物的艺术，其设计的源泉必然是传统文化。

中国人使用的筷子一头方一头圆，方的象征着地，圆的象征着天。民以食为天，放进嘴里的东西是天，手执的是地。简简单单的两根筷子也包含着中国传统哲学思想。

2010 上海世博会中国馆设计中就充分体现和反映了中国传统文化概念，其设计理念是“东方之冠、鼎盛中华、天下粮仓、富庶百姓”，表达了中国文化的精神与气质。中国馆以“城市发展中的中国智慧”为主题，由于外形酷似一顶古帽，而被命名为“东方之冠”，如图 2-43 所示。

（1）“中国红”展示民族形象。

（2）国家馆的“斗冠”造型整合了中国传统建筑文化要素。

（3）篆字的二十四节气印于其上，既突出“冠”的古朴，又可以让人们饶有兴趣地辨识这 48 个字。

（4）屋顶花园：“新九洲清晏”初露风采。九洲清晏原本是圆明园中的景观设计，设计人员将其“移植”到国家馆周围，成为国家馆的景观。经过重新设计后，“新九洲清晏”——田、泽、渔、脊、林、甸、壑、漠呈半月形围在“东方之冠”（雍）的周围，将城市景观与自然景观融合。

图 2-43　中国馆

7. 逆向思维设计法

习惯性思维是人们创造活动的障碍，它往往束缚着个人的思路。如果能突破这种习惯的约束，敢于“反其道而思之”，让思维向对立面的方向发展，从问题的相反面深入地进行探索，可以树立新思想，创立新形象。当大家都朝着一个固定的思维方向思考问题时，而你却独自朝相反的方向思考问题，这样的思维方式就称为逆向思维。人们习惯于沿着事物发展的正方向去思考问题并寻求解决办法，其实，对于某些问题，尤其是一些特殊问题，从结论往回推，倒过来思考，从求解回到已知条件，反过去想或许会使问题简单化。

（1）原理逆向。1820 年，丹麦哥本哈根大学物理教授奥斯特通过多次实验证明存在电流的磁效应。英国物理学家法拉第怀着极大的兴趣重复了奥斯特的实验，他认为，既然电能产生磁场，那么磁场也应该能产生电，于是他从 1821 年开始做磁场生电的实验，经过无数次失败，十年后法拉第设计了一种新的实验，他把一块条形磁铁插入一只缠着导线的空心圆筒里，结果导致两端连接的电流计上的指针发生了微弱的转动，电流产生了。随后，他又设计了各种各样的实验，如两个线圈相对运动，磁作用力的变化同样也能产生电流。法拉第十年不懈的努力并没有白费，1831 年，他提出了著名的电磁感应定律，并根据这一定律发明了世界上第一台发电装置。如今，他的定律正深刻地改变着人们的生活，这是运用逆向思维方法的一次重大胜利。

（2）程序逆向或方向逆向。程序逆向或方向逆向就是颠倒已有事物的构成顺序、排列位置而进行的思考。

1877 年，爱迪生在实验室改进电话机时发现，传话器里的间膜随着说话的声音引起相应的颤动。那么，反过来，同样的颤动能不能转换为原来的声音呢？根据这一想法，爱迪生获得了一项重大发明——留声机。

中国是最早发明雨伞的国家，至今已有 3500 多年的历史了，3000 多年来，雨伞的设计理念一直延续着。其实，雨伞在使用过程中存在着许多不便之处，例如，在进门、进车收伞前会被雨淋、在人多的时候开伞会碰到其他人……日本设计师梶本博司构思数十年提出了不同于以往的设计，这个设计的特点在于：伞骨外露、逆向开启。梶本博司认为，这样的创新雨伞设计可以直立置放，收折时沾湿的面会在内侧，在人群中或行进时不会弄湿其他人，另外，最大的优点是进出汽车、房门时更为方便收持，如图 2-44 所示。

图 2-44 雨伞 设计：日本设计师梶本博司

无独有偶，英国 61 岁男子 Jenan Kazim 是一位航空工程师，他也基于相同的考虑发明了类似颠覆传统的 Kazbrella 雨伞，如图 2-45 所示。Kazim 的设计以普通雨伞为基础，保留了伞骨在内的原始设计，重新设计了伞的机械结构。创新部分在于打开与合拢的方向与传统雨伞相反，收持后，伞骨显露在外，它像花瓣一样独特的张开、收拢方式让人使用起来更加自然，使用户在雨天上下车、出入建筑物的时候更加方便、更加不易被雨水淋到。Kazbrella 雨伞的骨架使用双辐条，即使被强风吹翻也不怕，按一下手把上的按钮就能迅速恢复原状。Kazim 的雨伞设计代表着设计理念的全新升级。

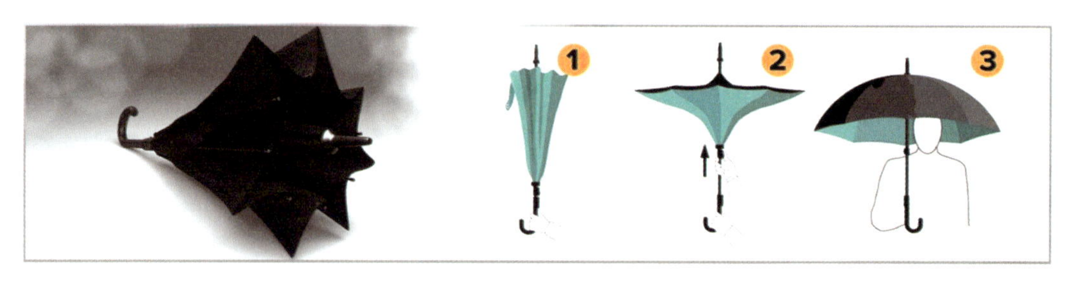

图 2-45 Kazim 设计的 Kazbrella 雨伞

（3）性能逆向。性能逆向是指从性能相对立的两面去设想，如固体与液体、空心与实心、冷遇热、干燥与湿润等，以寻求解决问题的新途径的思维方式。例如，一些保湿的化妆品，为了突出保湿的功效，采取了两种相反的思维方式来设计：一种是隔离，另一种是吸收。

8. SET 因素分析法

STE 因素中 S 是指社会因素（Social）、E 是指经济因素（Economic）、T 是指技术（Technological）。SET 因素分析法是通过分析这三个方面的因素识别出新产品开发趋势，并找到匹配的技术和购买能力，从而开发出新的产品和服务。SET 因素分析法主要应用在产品机会识别阶段，即通过对社会趋势、经济动力和先进技术三个因素进行综合分析研究，如图 2-46 所示。

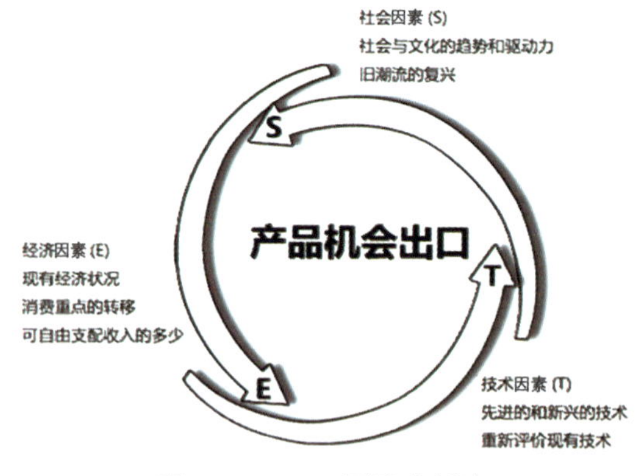

图 2-46 SET 因素分析法

（1）社会因素。社会因素集中于文化和社会生活中相互作用的各种因素，包括家庭结构和工作模式、健康因素、运动和娱乐业、计算机和互联网的应用、政治环境、其他行业成功的产品、与体育运动相关的各种活动、电影、电视等娱乐产业、旅游环境、图书、杂志、音乐、国家制度、教育体制等的影响。

（2）经济因素。经济因素主要是指消费者拥有的或者希望拥有的购买能力，也被称为“心理经济学”。经济因素受整体经济形势的影响，包括国家的贷款利率调整、股市震荡、原材料消耗等因素。随着社会因素的改变，人们的价值观念、道德观、消费观的改变，经济因素也在变化。

（3）技术因素。技术因素是指新技术、新材料、新工艺和科研成果等因素，技术因素是一项创新产品开发的强大动力，世界上许多非凡的有创造力的成果完全改变了人类的生活方式。

STE 因素分析法的目标是通过了解这些因素识别新的趋势，并找到相匹配的技术和购买力，从而开发出新的产品和服务。

9. 类比法

类比法是一种通过类比联想、引申、扩展，从异中求同，从同中求异的创新方法。在表面上看似乎与研究对象并无关系的类似事物，往往却可从中得到启发，找到方法，获得创造性成果，如图 2-47 所示。常用的类比法有以下几种：

图 2-47　袋鼠笔筒

（1）拟人类比法。拟人类比法又称感情移入法、角色扮演法。在设计活动中，设计者把自己设想为创造对象的某个因素，并由此出发，设身处地地想象，将创造对象模仿人的动作和特性，即“拟人化”设计，如机械手就是让机械模仿人的动作，实现特定的功能；婴儿奶瓶的奶嘴就是模仿母亲的乳房。

（2）直接类比法。直接类比法即将设计对象直接和类似的事物或现象进行对比，收集一些与主题有类似之处的事物、知识和记忆等信息，以便从中得到某种启发或暗示，获得科学合理的创新思路。直接类比法一般在仿生设计中运用比较多，如图 2-48 所示。

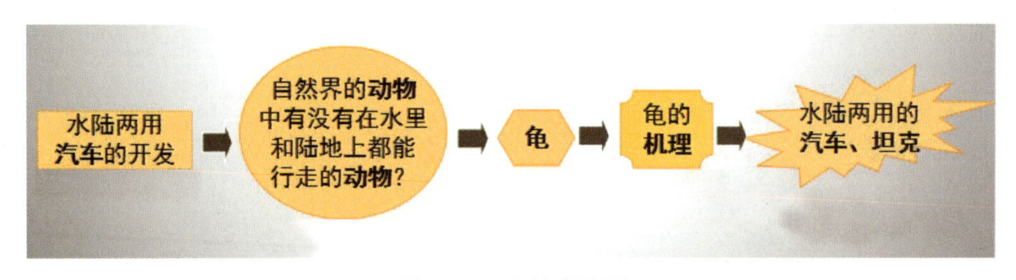

图 2-48　直接类比图

（3）象征类比法。象征类比法是借助具体的事物形象和象征符号来比喻某种抽象的概念或思想感情的类比法。象征类比法是由直觉感知的，针对需要解决的问题，用某种概括、抽象的形象、符号或句子来表达和反映问题的本质，使问题关键显现并简化。象征类比法可以从人们向往的，且在表面上看来似乎难以实现的想象中得到启发，扩展想象，进行类比联想，提出解决问题的方案。例如，保密、防盗方面从《天方夜谭》中“阿里巴巴与四十大盗”故事中得到启发，从而发明了声控锁。

（4）因果类比法。两个事物之间都有某些属性，各属性之间可能存在着同一种因果关系，根据某一个事物的因果关系推出另一个事物的因果关系，这种类比方法就称为因果类比法。在创造过程中，掌握了某种因果关系并进行触类旁通，有可能获得新的启发，产生新的创意。

在设计实践中，类比依靠于附着其上的符号特性或图像特征，对设计师很有帮助。类比是一项意图的有形呈现，当应用它时，问题就会得到附加的结构。类比以比较为基础，关键是发现和找出原型，类比是一种富于创造性的创造技法，它需要借助已有的知识，但它又不受这些知识束缚。在两种风马牛不相及的事物之间进行类比思考，往往能得到新的构想。

工业设计与其他学术领域不同，它包含社会各个方面的内容，所以面对各个方面的问题，一种方法不足以解决各种问题，将各种设计方法穿插，会达到更好的效果。作为一名专业的设计师，单凭天赋或灵感做设计项目是远远不够的，必须掌握正确的设计方法，并在实践中灵活运用。

CHAPTER THREE

第三章 UFD 产品设计思想与方法

在产品设计中，功能一直是设计师所要考虑的重要问题，也是影响设计的关键因素，“包豪斯”学院的设计理念之一就是解决功能与形式的问题。然而，总结辽宁工程技术大学多年产品类毕业设计、校外优秀工业设计作品、优秀校友的产品设计反馈和多家企业设计形态来看，目前产品设计中很多还是单纯的“功能决定形式论”，且设计想法单一、缺乏系统的规划与创新。Baxter 通过实践得出，在产品开发设计前经过清晰详细规划的产品设计成功率是未经过规划产品设计的 3.3 倍。

针对此现象，本章提出一种产品开发设计的方法 UFD，即基于用户分析（User Analysis）、功能论分析（Function Analysis）和发散思维（Divergent Thinking）的结合，进行产品创新设计。

第一节 UFD 产品开发设计思想方法概述

一、UFD 产品开发设计思想方法总体框架

UFD 产品开发设计方法的实质是设计资讯、系统论、功能论、创新思维方法的一种整合。在确定设计目标的时候，通过系统分析、规划产品，再进行用户（消费者或体验者）分析，确定目标市场后，利用功能论思想和基本方法，确定合理的功能，找到产品的技术解决方案，利用发散思维，重组产品零部件，从产品内部做起，整合产品设计要素，形成最终产品设计。这样打破了功能与形式的单纯关系，使内形、外形与功能实现无限拓展。UFD 产品开发设计方法总体框架如图 3-1 所示。

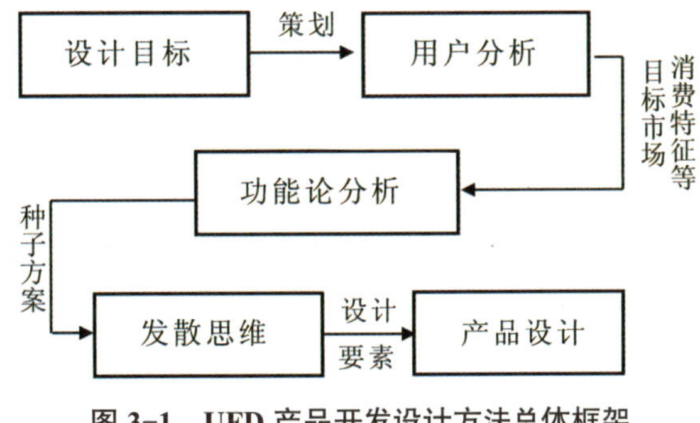

图 3-1 UFD 产品开发设计方法总体框架

二、确定产品开发设计目标

在项目目标具体化之前，要进行需求分析、市场预测、可行性分析，确定关键性设计参数及制约条件，最后给出设计任务书（或要求表），作为设计、评价和决策的依据，进一步确定设计目标。

产品开发设计是以市场需求为导向的。优秀的设计师应该有敏锐的市场预见和判断能力，能通过日常生活观察、分析市场竞争环境，研究出市场需求及发展趋势。需求分析包括对生活研究和市场的分析，如消费趋势调查以及对产品功能和性能质量的具体要求；竞争者的状况；现有类似产品的特点；主要原料、配件的供应状况及产品的变化趋势等，如图 3-2、图 3-3 所示。

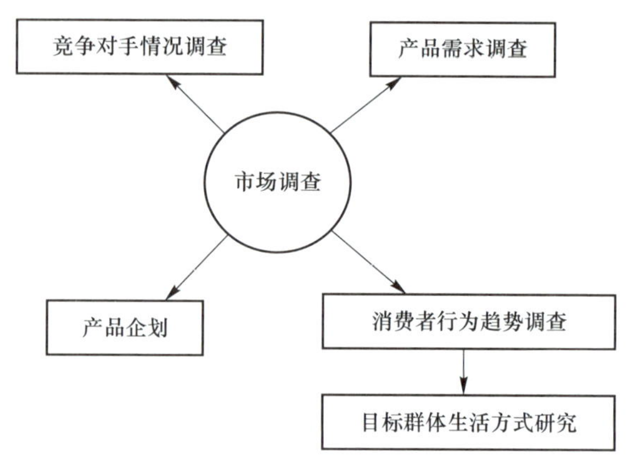

图 3-2　市场调查的基本构成

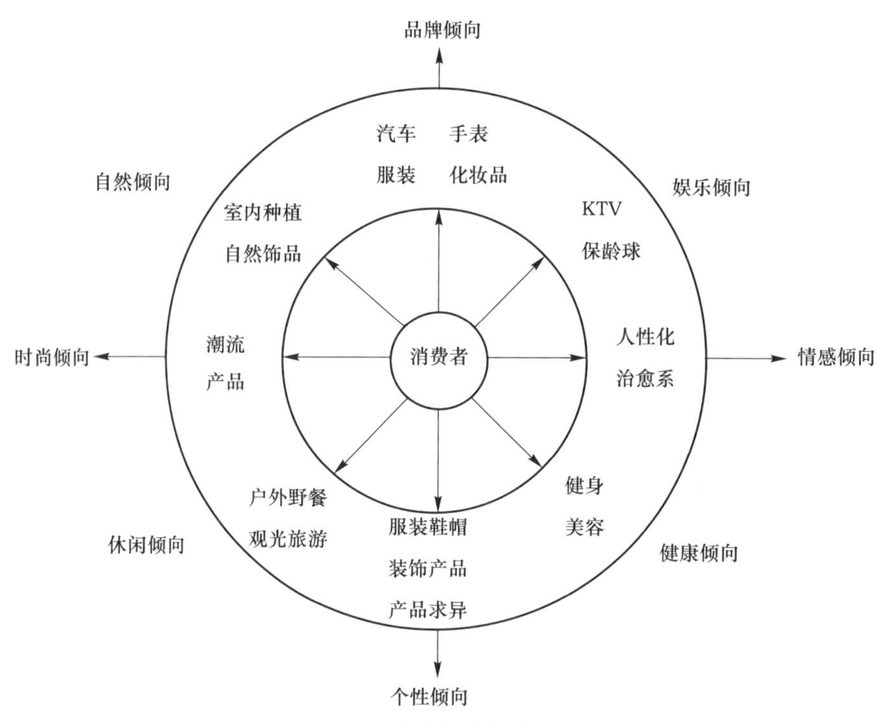

图 3-3　消费倾向调查分析

通过对调研和趋势分析，对产品开发中的重大问题经过细致分析及开发可行性研究，提出产品开发设计可行性报告，并对可行性报告进行评价。

可行性报告的内容包括市场调查及预测相关产品的情况，以及国内外水平、发展趋势、技术难易水平、研发成本、生产、流通等方面需要解决的关键问题，产品评价如表 3-1 所示。

表 3-1 产品评价

评价对象	评价要素	评价内容
市场	必要性 竞争性 成长性 持续性	市场需求情况 竞争对手情况 需求的持续性 产品生命周期和需求量
技术	难易程度 开发周期 研发经费 相关技术	技术难度的高低 开发完成的时间周期 研究开发需要的经费 与相关技术、商品的关系
生产	难易度 部件材料比率 设备费	生产的难易程度 关系产品价格的部件材料比率 生产设备费
流通	难易度 销售途径 销售费用	销售时的难易程度 原有途径还是新的途径 销售所需经费

这样，通过充分的前期调研、分析、评价，确定出产品开发设计目标。

三、用户分析（User Analysis）

用户分析通过研究用户的观念、兴趣和行为，发现并解读其“需求密码”，从而为设计目标及目标市场提供依据，确定、细化具体的设计目标的消费群体（目标与目标市场）。

用户分析通过进一步探测市场需求与用户需求趋势，进行用户研究，如地域、年龄、职业、收入、性别等，开发与挖掘潜在用户，确定目标群体后根据产品差异化空间，进行产品设计目标细化，确认用户。如针对家用空调进行用户分析，如图 3-4 所示。

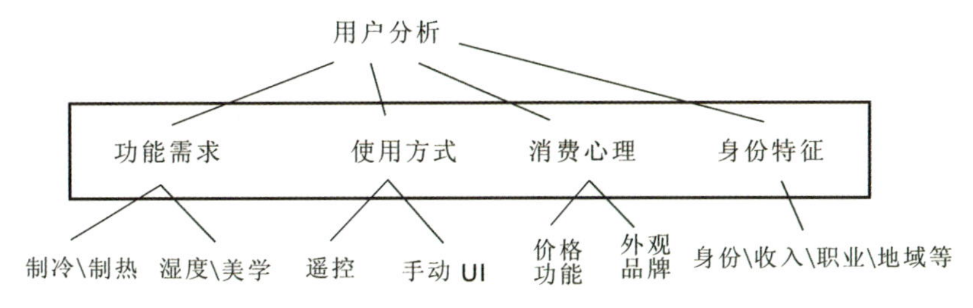

图 3-4 家用空调用户分析

用户分析是通过市场调研方式进行目标市场定位与市场细分的，定位方法常用市场 / 目标网格法，如图 3-5 所示。用户分析主要是基于生活形态研究，生活形态研究帮助了解用户不同的世界观、生活价值观与需求，定位、细化产品开发设计要素的类型、形态、色彩、价格、档次、风格、成本等。

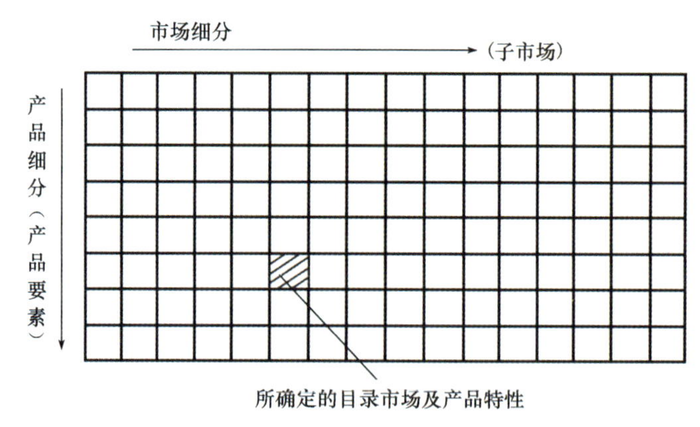

图 3-5 确定目标市场（市场、目标网格法）

根据工业设计最新的定义："工业设计是一个策略性的问题求解过程。该过程通过创新的产品、系统、服务和体验来驱动创新，谋求商业成功并实现更好的生活质量。工业设计在现实与可能性之间的沟壑上架起桥梁。它是一门试图通过制造产品、系统、服务、体验甚至商务来驾驭创造力解决问题并协作创建解决方案的跨学科行业。从本质上，工业设计通过将问题重构为机会提供一种更乐观的方式审视未来。它将创新、技术、研究、商务和顾客联系在一起，提供涵盖经济、社会和环境领域的新价值与竞争优势"。这里用户不仅指消费者，更包含使用者、体验者与服务接受者，也指设计过程中的各种利益相关者。所以，用户分析具有更深、更广的研究价值。

第二节 功能论分析

一、功能论设计思想

任何产品都具有一定的功能，功能是产品具有使用价值的基础。消费者对产品的需求其实就是对产品各种功能的需求。因此，在产品设计过程中，产品功能的开发与设计是设计师必须首先考虑的，是设计目标或对象的软件与最本质的东西，是用户追求的目标并通过用户使用体现出来。传统的产品设计方法主要是从设计目标的实体结构出发，注重结构的合理性与可行性，着力解决设计目标的硬件（结构系统）。结构系统是产品功能实现的硬件，是实现产品功能的前提，反映了设计对象是由哪些零部件构成、如何构成的，以及各个零部件之间的相互关系。

如图 3-6 所示，硬币计数包卷机可分解为 7 个分功能，各个单元对应独立结构。

功能论设计思想与方法是把产品设计看成一个软件系统，注重功能的系统分析与综合，把设计对象或目标视为一个技术系统，用抽象的方法分析其总的功能，并把实现总功能的下一级功能加以分析，进而寻求各分功能的实现技术途径形成多种方案，并通过遴选确定方案。每一个功能的实现都有相应的物质结构基础，它们是各种功能的结构单元。图 3-7 所示为功能论设计思想及方法。

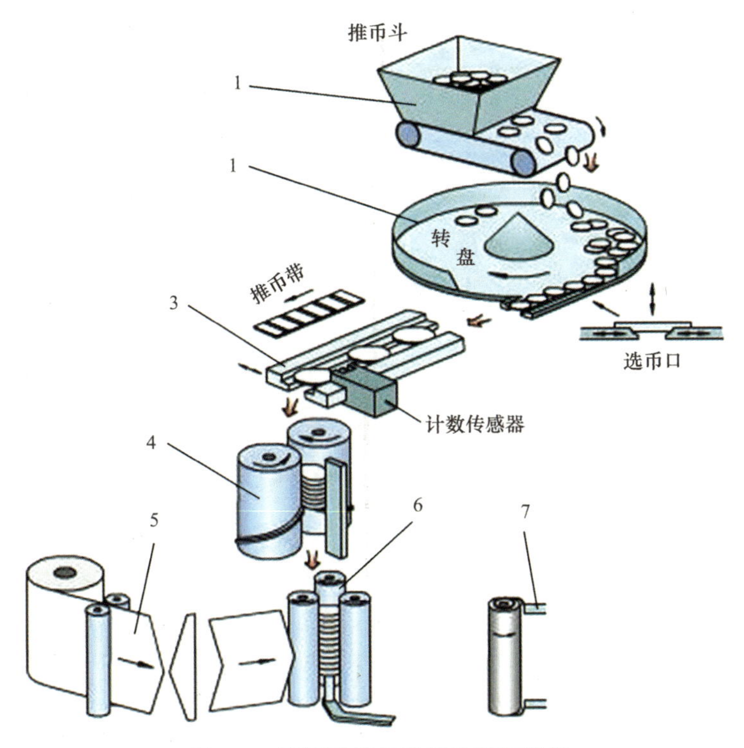

图 3-6 硬币计数包卷机功能与结构

1—硬币堆放、输送功能单元；2—硬币排列、分选、挑残功能单元；3—硬币分选计数功能单元；4—硬币堆码、整理功能单元；5—送纸、撕纸功能单元；6—硬币包卷功能单元；7—卷边功能单元

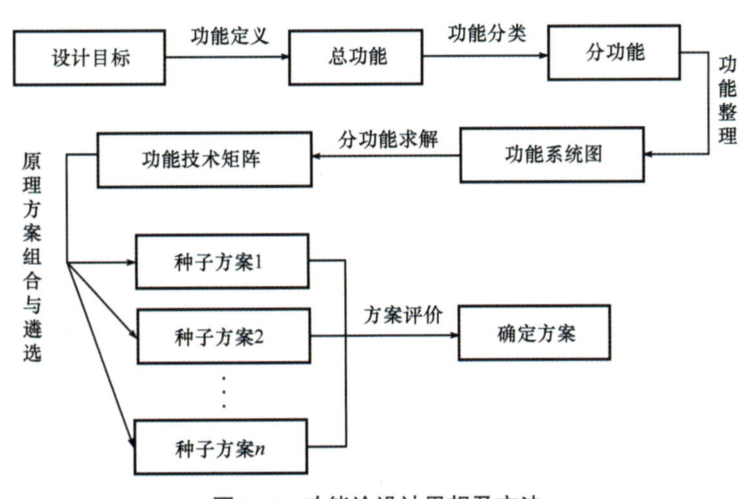

图 3-7 功能论设计思想及方法

功能论方法的指导思想是系统论，即从系统的整体性、可分性、相关性/功能性、统一性和动态性去研究设计对象的功能系统全貌，按功能逻辑体系而不是按结构实体体系去构造“功能技术矩阵”，从而使“功能技术矩阵”的构成模式具有普遍性。功能论设计方法的程序如图 3-8 所示。

由此可见，功能论设计思想及方法具有以下特点：

（1）它始终把产品的功能问题放在设计分析的核心地位，设计构思以功能系统为主线索；

（2）它有助于克服思维定式和传统观念束缚，是一种推陈出新的设计思路；

（3）由于在产品功能分析中能有效地排除产品的不必要功能，这就可能阵低产品成本，经济地实现产品的价值；

（4）以功能为中心的设计方法有助于实现产品良好的实用性及可靠性；

（5）把功能分解与造型单元的构造结合起来，提供了一种产品造型设计的新思路；

（6）突出系统化的思想。

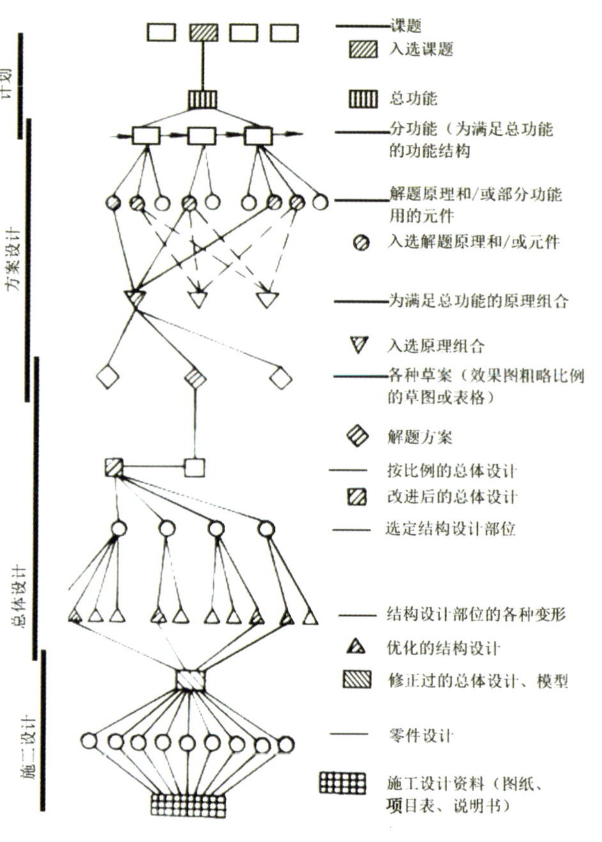

图 3-8　功能论设计方法的程序

二、功能定义

产品功能定义就是通过说明性的文字，将产品中的总功能以及各个分功能明确地显示出来。当产品的功能被明确地定义和区分开以后，就可以对功能进行评价和分析，判别各个功能的性质和重要性，研究各个功能之间的相互区别和联系，便于建立“产品功能技术矩阵”，为产品的功能评价和功能组合建立基础。

功能定义要用简洁、明了、适当抽象的动词与名词进行功能定义，通过定义和用户分析剔除掉不必要功能（剩余功能），但也要避免功能不足或不当，找到设计目标的总功能，表 3-2 所示为家用空调主要部件功能定义，精神功能可从造型、人机、文化、地位象征等方面进行定义。

表 3-2　家用空调主要部件功能定义

空调主要部件名称	功能定义（动词部分）	功能定义（名词部分）
压缩机	压缩	制冷剂蒸气
蒸发器	吸收	热量
冷凝器	冷却	制冷剂
加湿器	排放	湿气
……	……	……

1. 产品功能定义的方法

了解产品功能实现的各种限制因素，利用“5W2H”的方法，确定相关的制约条件，具体内容如下：

（1）What：产品的最终功能是什么？要实现产品的最终功能应具备什么样的分功能？

（2）Why：产品为什么需要这个功能？它能满足消费者的什么需求？为什么这个功能就能够满足消费者的最终需求？

（3）Where：产品在什么环境下使用？该环境是否有利于产品功能的发挥？如果不利于，可以采取什么样的措施保证该功能的顺利实现？

（4）When：产品功能在什么时候使用？在这个时间段内使用有无特殊的要求，如照明、防光等。

（5）Who：产品的功能是由什么人使用的？采用什么方式，通过什么手段实现？他们在使用时有没有特殊的要求，如盲人、聋哑人等。

（6）How much：它的功能有多大？这些功能有哪些具体的技术、经济指标要求？有哪些技术手段可完成所需功能？这些指标有没有定性或者定量的要求？有没有国家标准、国际标准或者行业标准的限制？

（7）How do：产品的功能如何实现？需要多少子功能、什么样的结构、技术原理来支撑？

2. 产品功能定义的要求

（1）产品功能定义一定要全面、细致。在给产品功能下定义时，要把产品功能定义细分，不仅要给产品的总体功能下定义，而且要给构成产品的各功能要素的具体功能下定义。这样，才能既抓住产品的整体功能，又能把握住产品的局部和细节功能。

（2）产品功能定义必须以事实为基础。要以事实为基础，从产品功能的本质研究中，找出功能之间的内在联系以及内在的实际效用，给产品功能一个准确、全面的定义。

（3）产品功能定义必须了解实现产品功能的现实制约条件。全面考虑产品功能的各种现实制约因素，明确相关制约条件，准确地反映产品功能的实现现状，促使设计师考虑得更加全面，以利于找出多种技术实现途径，增强设计方案组合的多重性，为产品功能方案的创新、评优奠定广泛的基础。

（4）产品功能定义的表达要适当抽象。帮助设计师打破传统设计思维模式的束缚，产品功能的定义要有所抽象，不能限制设计师思维的发展。

（5）产品功能定义要简洁、明了、准确。产品功能定义的目的是对产品功能本质进行研究。如果产品功能定义表达得复杂、含义不清时，容易使人产生误解，无法准确地把握该功能的实质，也无法寻找出实现该功能的有效技术途径。因此，产品功能定义必须做到简洁、明了、准确。

另外，用名词进行描述时须贴切而易于定量分析，尽量用可计量的名词表达，如桌腿定义为“支撑质量”而不用“支撑桌面”。可计量的名词有质量、力、热量、长度、电流、磁场强度、温度、纯度等。

（6）产品功能定义尽可能做到定量化。产品功能定义的定量化，是指尽可能用可测定数值的语言来给功能下定义，如前所述，功能定义的名词部分使用可定量分析的名词（如质量、电能、水等）。定量化的描述在寻找实现的技术途径时，有利于技术的选择和分析，也有利于技术的创新，有利于“产品功能技术矩阵”的构建和产品功能的组合分析。

（7）产品功能定义是否准确、全面、恰当。可通过以下方式加以检验：

①产品功能定义是否明确、全面、简明扼要？有没有模棱两可或者容易引起歧义的表达？

②对产品功能的理解是否正确、一致？产品功能的表达是否完整、一致？会不会出现功能实质与表达之间的自相矛盾？

③产品功能定义是否包含了实现产品的所有功能（总功能、分功能）的可能性？即功能定义的

抽象程度有多高?

④产品功能的表达是否都能定量化测量?

⑤产品功能的描述是否有利于扩大设计思路?是否有利于引进各种先进的技术途径?

⑥这个功能有多少种技术途径可以实现?是否把所有的技术途径都考虑到了?在功能定义中，会不会出现对实现技术的过多限制?

⑦产品功能定义是否都是消费者需要的?在现实条件下是否都是可行的?

⑧产品功能定义是否是所有消费者的需求?有没有人为地将一些消费者排除在外?

⑨产品功能定义是否对特殊人群的需求做了分析?产品功能定义中有没有明确的体现?

三、功能分类

一个产品往往具有多种功能，从不同角度出发进行分类，分为以下几种：

1. 按功能的重要程度分类

按功能的重要程度分类，功能可分为基本功能和辅助功能。基本功能是指为达到设计对象目的，发挥设计对象的效用所必不可少的功能，它是设计对象赖以存在的条件，也是人们对设计对象进行分析研究的基础。如果设计对象失去了基本功能，也就失去了对它继续研究的价值，失去了它存在的意义。基本功能不同，设计对象的用途也就不同。辅助功能是为了更好地实现基本功能而添加上去的功能，它的作用相对于基本功能来说是次要的、辅助性的，但同时，它也是实现基本功能的手段。例如，手表的基本功能是显示时间，而防水、防振、防磁、夜光等则是手表的辅助功能。这些辅助功能相对于基本功能来说是次要的，可是它们能有助基本功能的实现，使手表在水、振动、磁、黑暗的环境中也能准确地显示时间，实现基本功能。

对于任何设计对象而言，其基本功能是不能改变的，但辅助功能则可由设计者添加或删除。所以，添加必要的辅助功能能帮助基本功能更完善地实现，同时，将不必要的辅助功能剔除是十分必要的。

应注意的是，一个设计对象可以有一个基本功能，也可以有数个基本功能。例如万能铣床，既能进行卧铣，又能进行立铣或其他铣削加工。因此在设计中要正确理解产品的设计要求，以保证同时实现产品所应具有的基本功能。

2. 按功能的性质分类

按功能的性质分类，功能可分为物质功能与精神功能。物质功能是指设计对象的实用价值或使用价值，它是设计者和使用者最关心的东西，一般包括设计对象的适用性、可靠性、安全性和维修性等。精神功能则是指产品的外观造型及产品的物质功能本身所表现出的审美、象征、教育等特征。精神功能的创造与表现是工业设计的目的之一。

设计对象的物质功能和精神功能是通过基本功能和辅助功能来实现的。不同的设计对象，对物质功能和精神功能要求的程度是不同的。手表、汽车、家电等产品，物质功能显然是十分重要的，人们去购买和使用这些产品时，首先是为了获得相应的物质功能。但是，人们在使用这些产品的同时，也希望它们具有精神审美等功能，即式样要美观别致，能体现自己的身份，能美化环境等。因此，其精神功能占有十分重要的地位。在进行这类产品设计时，不仅要满足用户的物质功能要求，还要根据不同产品的具体情况，切实考虑其精神功能的体现。

对于如农业机具等产品，其精神功能相对来说是比较次要的，一些与人的行为和视觉关系不密切的化工生产设备、工程机械等产品也一样。对于这类产品的设计，物质功能应是考虑的主要问题，精神功能一般不予过多重视。

3. 按用户的要求分类

按用户的要求分类，功能可分为必要功能和不必要功能。必要功能是指用户真正需要并能使用上的功能。如果产品满足不了用户的需求，则说它的功能不足；反之，如果产品的功能中有些不是用户需要的，则说它是不必要功能。如果有些功能超过了用户需要的范围，则说它是多余功能。进行功能分析的目的，就是要保证设计对象的必要功能，排除不必要功能和多余功能。

例如，时下的手机设计，不论男女老少，其功能基本一样，并没有真正从用户的角度出发，造成了功能的浪费。

值得注意的是，从工业设计的角度来看，有些功能如果具有良好的精神审美以及象征、教育价值，对整个产品的基本功能的发挥具有重要作用，就认为这是必要的，而不能仅仅从物质技术的角度来看待。

4. 按功能的内在联系分类

按功能的内在联系分类，可分为目的功能和手段功能（或者说是上位功能和下位功能）。目的功能表示任一功能的存在都有其特定目的。例如，洗衣机中洗衣系统的电动机，它的目的功能是为洗衣机提供动力。如果追问下去，可以发现，“提供动力”的目的是“传递力矩”，“传递力矩”的目的是“形成涡流”，“形成涡流”的目的是“洗净衣物”，而“洗净衣物”是洗衣机存在的最终目的，即基本功能。洗衣机中甩干系统的电动机的目的功能也是“提供动力”，“提供动力”的目的是“传递力矩”，“传递力矩”的目的是“甩去水分”，“甩去水分”的目的是“甩干衣物”，这就是洗衣机的辅助功能。从此例可以看出，产品中任何子功能的存在都有其特定目的，即目的功能，而最终的目的功能则是产品的基本功能或辅助功能。

目的功能的实现须通过一定的手段，对实现目的功能起手段作用的功能称为手段功能。在上例中，“洗净衣物”是洗衣机的最终目的功能（也是基本功能），而“形成涡流”“传递力矩”“电动机旋转”均为各级的手段功能。因此，目的功能和手段功能是一种相对的概念，其关系可通过图 3-9 清楚地表示出来。

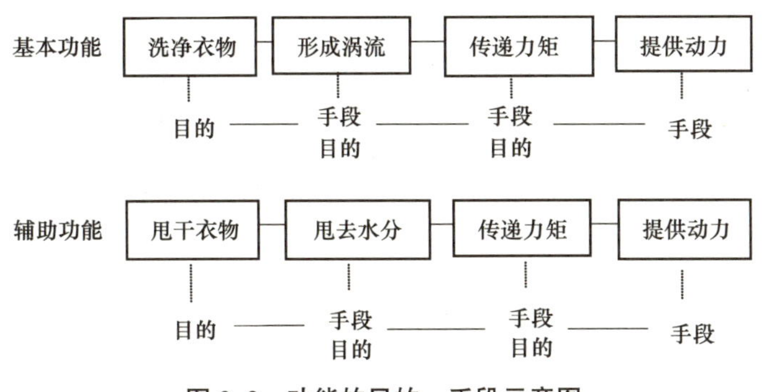

图 3-9　功能的目的—手段示意图

四、功能系统图

产品功能之间的关系，如图 3-10 所示。

1. 上下关系

上下关系是指在一个产品的功能系统中，总功能与分功能、子功能之间是目的与手段的关系。

这种关系是一一对应的，而且符合严密的逻辑关系，即这个目的只能由这个手段来实现；反过来，这个手段也只能实现这个目的。

2. 并列关系

在复杂的功能系统中，有时为了实现同一个目的功能，需要有两个或者两个以上的手段功能，它们必须组合起来才能够共同完成上一级的目的功能，而这两个手段功能之间又不存在上下级的关系，就形成了并列关系。

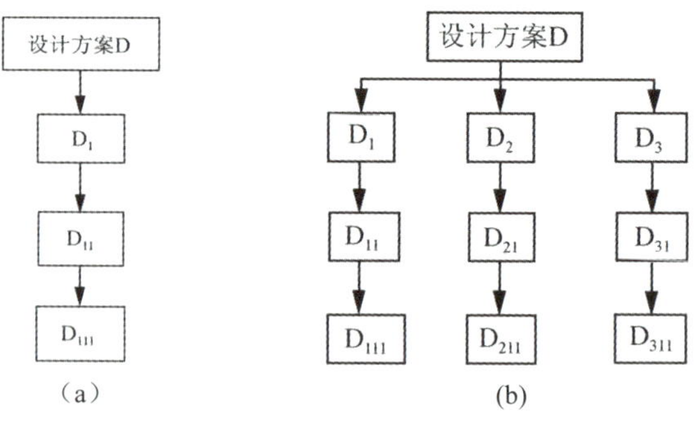

图 3-10　产品功能之间的关系

（a）上下关系；（b）并列关系

通过功能定义、功能分类后，把设计目标的总功能进行分解，分析其基本功能与辅助功能、物质功能与精神功能，并根据功能间内在联系、目的功能与手段功能（目的功能靠手段功能实现，即上位功能与下位功能）间的逻辑体系，进行功能整理，做出功能系统图，针对家用空调的功能整理成系统如图 3-11 所示。

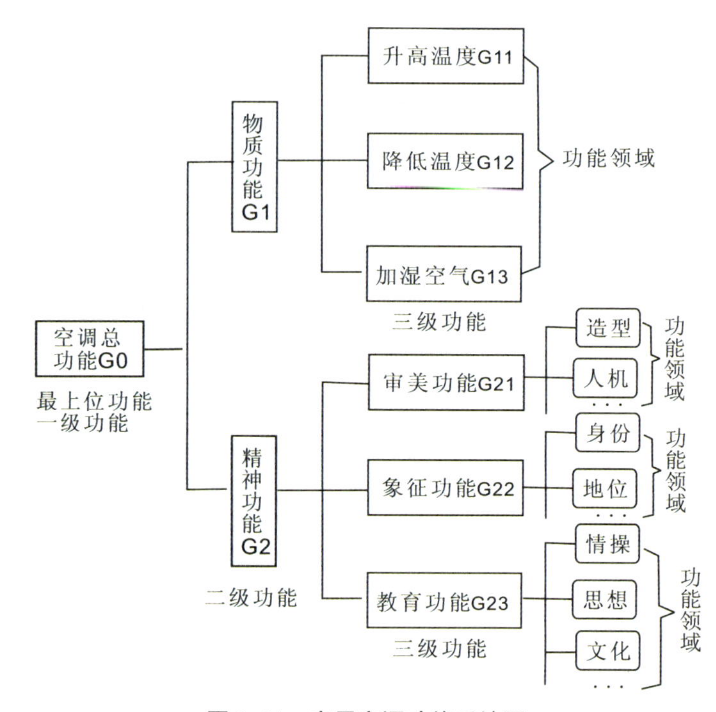

图 3-11　家用空调功能系统图

第三节　发散思维

发散思维是创新思维最核心的体现，是指大脑在思维时呈现的一种发散状态的思维模式，表现为视野广阔、多角度、多层次的一种思维方式，如“一题多解”。发散思维的具体含义、特征及形式见书中创新思维的类型。

发散思维对于解决产品设计的问题点在于进行功能整理后，建立功能技术矩阵，直至形成多个种子方案。在功能系统图里，通过探寻各分功能的解决方案，进行分功能求解，根据求解结果建立功能技术矩阵，表 3-3 所示为家用空调功能技术矩阵。

表 3-3　家用空调功能技术矩阵

功能	技术途径
G11	J111　J112　J113　J114　J115
G12	J121　J122　J123　J124　J125
G13	J131　J132　J133
G21	J211　J212　J213　J214　J215
G22	J221　J222　J223
G23	J231　J232　J233　J234

根据上述功能技术矩阵，进行原理方案的组合与选择。根据表 3-3，空调原理方案可组成 J111、J122、J131、J211、J222、J231 或 J234， 以 及 J114、J123、J133、J213、J222、J231 或 J234 等方案。实际上，把各分功能求解方案连在一起可组成很多种方案，这些方案可从技术、经济分析角度或物理原理相容性等选择角度出发，形成种子方案，通过设计评价，如在成本、技术性能、创新性、宜人性、生产工艺、安装运输、时尚性等方面进行考量，形成最终设计方案。

确定的功能原理方案，只是各分功能技术物理效应的抽象组合，其具体化程度很低，只能定性地概括其相互联系。因此，必须把原理方案落实到功能载体上。功能载体是能起某种功能作用的零件、部件、机构等实体，通过具有功能的实体连接、组合、测试、评价后形成最终产品，如图 3-12 所示。

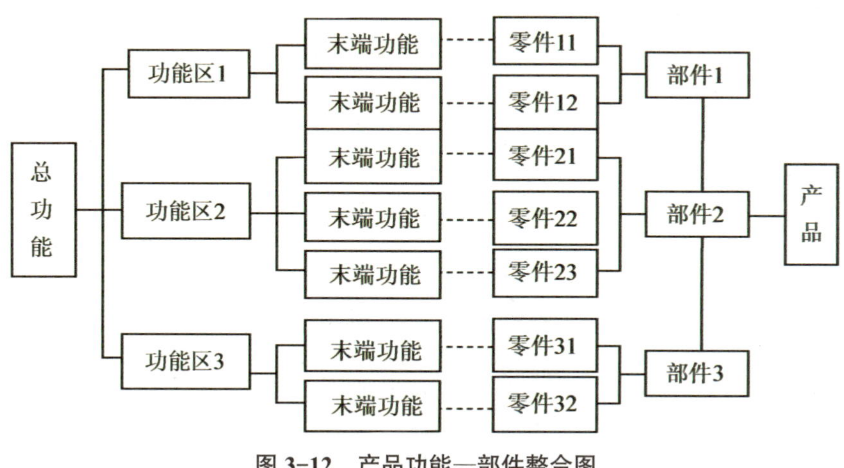

图 3-12　产品功能—部件整合图

第四节 基于 UFD 的功能整合与造型设计

一、功能整合

任何零部件都具有相应的功能，任何功能必须依靠载体来体现，即使是电子虚拟产品功能，都是由具有某种功能的各部件构成单元结合而成的。这些构成单元之间相互区别、相互联系，彼此制约地组成产品的结构功能系统。产品的各构成要素都有其各自的功能，发挥着不同的作用，并相互联系、相互制约地实现设计对象的总体功能，从而形成产品的功能。

产品各功能的实现途径结构化或实体化之后，就得到一系列的零件和部件。这些零件和部件又可根据需要和有关条件而结合成更大的部件，直至构成整个产品。此时，产品各分功能在空间上集聚，形成一个个功能集合；实现各分功能的零件和部件也因此形成空间上的聚拢和体积上的集合，形成一个个功能载体的集合。这种汇聚过程称为功能和结构的“整合”，即功能及其载体向整体化方向发展的过程。

功能和结构的整合一般是产品形成的必然过程，其主要原因是功能连接的需要和节省空间的需要，也包括控制、操作、维护等使用的需要。如空调的电路控制器件和操作件大都集中在面板和遥控器上，这种聚拢就是为了功能连接，节省空间，方便制造与便于操作等需要。设计师要适应这种要求，要与有关人员密切合作，积极探索各功能载体整合的特点，按可行、有利的原则，把整个产品在空间实体上做适宜的划分，并明确各部分之间相对位置和方向变化的限制条件，为确定造型单元做准备。

二、内部造型单元的确定

通过功能结构的整合，产品被划分成若干相对独立的部分，即整合部分及其连接结构。通过对包容性的分析，可以把这些部分确定为若干造型单元。

包容是指整合部分或其连接结构成为更大的整合部分的一个内部元素，或被产品的壳体或其他实体结构所包围。也就是说，被包容的部分是隐结构，在产品的外观形体上不显示其存在。反之，未被包容的或包容其他部分的整体，就是显结构，它的存在在产品上通过其空间或体积表现出来，成为可视对象。

当然，显隐之分对于整合体来说也不是确定不变的。通过技术或造型的手段，有时可以使显结构变为隐结构，反之亦然。例如，机床的丝杠，既可以在某产品上是“显”的，也可以在另一种产品设计中成为“隐”的，如采用遮护装置后。

三、内部造型单元的变化与组合

造型单元其实是形状和体积等形式因素尚未完全确定的一种模糊实体，具有很大的可塑性。在产品造型设计阶段，要对造型单元进行配置组合和形体变化，按照一定的设计思想和意图，逐渐地把造型单元的形态及其相互配置关系以及一些其他造型因素确定下来，形成产品外观造型设计方案。

一般来说，对产品造型单元加以变化可从以下几方面进行。

（1）造型单元数目的变化；

（2）体积大小的变化；

（3）表面肌理及装饰、分割的变化；

（4）方向和位置的变化

（5）比例和形态的变化；

（6）表面曲率的变化；

（7）形体线型的变化；

（8）形体分割和添加的变化；

（9）材质及色彩的变化等。

造型单元的变化是产品造型设计存在的条件，没有变化的可能，也就没有造型设计构思的发挥。因此，要充分掌握对造型单元进行系统变化的方法。

各造型单元，除了在形态、色彩、装饰等方面可以无限地变化以外，各造型单元间的结合形式与组合配置方式也是千变万化的，可以在一维、二维及三维的空间上形成无数种排列组合方案。造型单元的组合方式一般有四种：

（1）一维空间上的组合变化；

（2）二维空间上的组合变化；

（3）三维空间上的组合变化；

（4）四维空间（加一个时间坐标）上的组合变化。

利用造型单元的变化与组合的系统化展开方法，可构思出产品造型设计的一系列初步方案，通过多方面的综合评价，选择若干较有前途的构思方案再进行深入细致的研究，就能从中确定出优秀的造型设计方案。

四、外部造型变化

方案不一样，技术途径自然也不一样，单元结构及其空间组合结构差异就更大。这样，就解决了产品设计由内决定外部设计（功能决定形式）的欠缺，工业设计可以从内部做起，如空间、结构、部件连接、整合、造型单元、显性与隐形机构转换设计等。造型变化情况如下：

（1）造型体量发生改变，外观造型尺寸的变化；

（2）造型方向和位置的纵横变化；

（3）形体比例和线形的变化；

（4）造型风格的变化；

（5）设计手法的变化；

（6）材质及色彩的变化；

（7）表面曲率的变化；

（8）表面肌理及装饰、分割的变化等。

这里，后期的外观造型设计也是用发散思维方法，通过有机主义、文脉主义、绿色设计、无理性设计、移植设计、包容性设计等多种设计手法表现。

本章提出的产品设计方法 UFD，整合用户分析、功能论分析以及发散思维方法，是产品设计的一个新途径，帮助设计师利用发散思维方法从设计源头“用户分析”与产品内部功能做起，实现同功能不同方案的选择与设计，多角度解决设计问题。这样，不仅扩大了产品设计思路与范畴，更扩大了产品设计的“可设计性”，设计师全过程的参与使产品内部与外部设计有机统一，“可设计性”增加。

CHAPTER FOUR

第四章 产品设计的现状与发展趋势

第一节 现代产品的市场细分

产品细分是指通过市场调研，依据消费者的需要、使用行为和使用习惯等方面的差异，把某一类型产品的整体划分为若干个产品分类的过程。产品细分不是根据产品品种、产品系列来进行划分的，而是从消费者（指最终消费者和工业生产者）的角度，根据使用者的需求、动机、使用行为的多元性和差异性来划分的。

随着我国经济的不断增强，人们生活水平的提高，产品的种类也越来越多，人们对工业产品的要求也越来越高，要想更好地满足人们不断增长的需要、对于个性化产品的渴望以及更好地服务于中国这样一个具有深厚文化底蕴民族的产品需求，产品的细分就显得尤为重要。这里主要从工业设计的角度来对国内的产品细分现状进行分析。

一、产品细分的现状

我国的产品细分还处在初级阶段，主要有以下几方面：

（1）细分程度不够。企业进行产品细分的目的是通过对顾客需求差异予以定位，来取得较大的经济效益。众所周知，产品细分必然导致生产成本和推销费用的相应增长，所以，企业必须在产品细分所得收益与产品细分所增成本之间做一权衡。由此，增加了进行产品细分的难度。国内大多数品牌自主研发能力不强，在产品细分方面做的程度还远远不够，它们对产品功能细分心有余而力不足。工业产品开发的技术水平、雄厚的资金和多年积累的经验是企业能够在此领域有所作为的基础。所以，在国内只有少数的企业已经开始在产品细分方面做试探，如联想、格力等大型的企业，如图 4-1、图 4-2 所示。

（2）细分混杂，良莠不齐。随着我国经济的增强、人们生活水平的提高，产品的种类也越来越多。消费者购买产品的原因和目的差别很大，对产品的需求也不尽相同。而消费者购买产品则主要是为了满足一些特殊的需求，很多厂家看到产品细分将成为市场的发展趋势。但是，由于产品的品牌和质量多样化，产品细分也比较混杂，不能很好地适应市场和人们的需求。

图 4-1　联想集团北京总部

图 4-2　格力集团珠海总部

（3）产品细分不合理。我国在产品细分方面比较盲目，一些中小企业在研发产品的时候没有详细、严谨地对市场进行调查，也没能够准确地测量与把握目标顾客群的需求，以至于没有设计出能与这个目标顾客群相匹配的产品，产品细分不能符合市场和人们的需求。

二、产品细分应具备的条件

1. 应具备成熟的市场和消费群体

产品细分首先就要具备一个成熟的市场，成熟的市场也是促进产品细分的一个重要因素。随着市场的成熟、产品的多样化，人们的需求和要求的不断提高，必然导致产品的进一步细化。另外，还应具备不同层次和需求的消费人群，这样才能有产品细分的使用者。例如，我国空调行业已经十分成熟，以此再来看空调行业的产品细分就很好理解了。空调的细分包括卧室用单冷式空调和冷暖式空调，如图 4-3 所示。我国是个人口大国，经济实力已跃居世界前列，成熟的市场和成熟的消费人群已经具备。

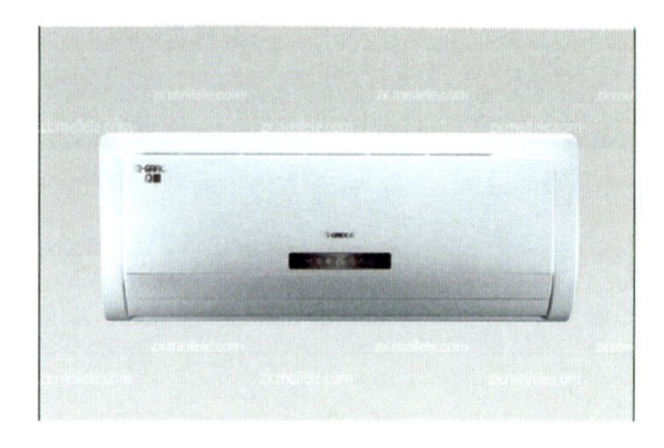
图 4-3　格力卧室冷暖两用 U 系列变频空调

2. 应具备成熟的技术条件

产品细分单单只具备一个成熟的市场是不够的，更重要的是要有一个成熟的技术条件。在当今技术迅猛发展的时代条件下，很多技术问题都被解决，例如，节约能源问题、材料问题等。所有这些技术条件的成熟都为产品细分打下了良好的基础。我国先进的技术主要集中在一些有开发能力和资金实力的大型企业，先进技术利用率低，这也成为影响我国产品细分的一个重要因素。

三、产品细分的类型

就产品细分而言，有很多的细分方式，归纳起来有以下四个方面：

1. 功能角度细分

功能细分是针对不同人群和不同需求细分为不同功能的产品。随着我国工业产品市场的发展，一方面，新材料、新设计层出不穷，使得产品的功能得到了最大限度的发挥；另一方面，人们更加追求个性化的设计，也使得工业设计产品的功能作用得到了更大的细分。

近年来，我国的产品功能细分有以下几个发展趋势：第一是高科技化带来的产品功能细分，这种产品细分是与传统产品相对应的；第二是多功能化产品细分，符合当前消费时尚、集多种功能于一体的产品，如多功能的手机等；第三是具体需求的功能细分，人们要求产品能符合不同场合和不同人群的需求，如空调行业的产品细分，中央空调分为家用中央空调和大型商用中央空调。根据空调功能，可以将空调分为单冷式空调和冷暖式空调。

2. 人机工程学角度细分

人机工程学是从人的生理和心理特性出发，研究人、机、环境的相互关系和相互作用的规律，以优化人—机—环境的一门科学。人机工程学角度细分主要从产品的人体尺寸、人机效率和安全角度出发。人机工程学角度对产品的细分包括以下几个方面：

（1）使用的安全性。设计产品时，必须对使用过程的种种不安全因素，采取有效措施，加以防护。同时，设计还要考虑产品的人机工程性能，易于改善使用条件。

（2）使用的可靠性。可靠性是指产品在规定的时间内和预定的使用条件下正常工作的概率。可靠性与安全性相关联。可靠性差的产品，会给用户带来不便，甚至造成危险。

（3）易于使用性。对于民用产品，产品易于使用十分重要。例如，在对不同的使用人群时要考虑到各人的使用习惯等，如对老人和儿童要更加注重易于使用性。

3. 设计心理学角度细分

设计心理学，是以心理学的理论和方法手段去研究决定设计结果的“人”的因素，从而引导设计成为科学化、有效化的新兴设计理论学科。设计心理学角度细分其实就是从使用者情感细分，即按照消费者的生活方式、个性等心理变量来对产品设计细分。在设计中要根据不同消费者群体的心理正确地处理好产品功能、消费者审美情趣、文化传统、产品造型等之间关系。

4. 无障碍设计角度细分

无障碍设计这个概念是 1974 年联合国组织提出的设计新主张。无障碍设计的理想目标是“无障碍”，是基于对人类行为、意识与动作反应的细致研究，致力于优化一切为人所用的物与环境的设计，为使用者提供最大可能的方便，这就是无障碍设计的基本思想。无障碍设计关注、重视残疾人、老年人的特殊需求，但它并非只是专为残疾人、老年人群体设计的。无障碍设计着力于开发人类“共用”的产品——能够应答、满足所有使用者需求的产品。

无障碍设计其实也是一种产品细分，是人机工程学细分的一种变化。本书之所以把它单独介绍，主要是因为它更体现了产品设计的人文关怀，是未来产品设计不可忽略的一个大方向。无障碍设计在国外已经发展了很多年，特别是在日本，无障碍设计无处不在，但是在我国，无障碍设计才刚刚起步。我国的无障碍设计主要是在公共设施方面，在产品方面几乎为零，这就要求加大对产品无障碍设计的开发力度，更好地为特殊人群服务。

四、产品细分的作用

（1）有利于丰富产品市场、开拓新市场，避免同质化竞争。随着我国工业产品市场的不断成熟，很多企业都拥有相同的技术条件，这样就不可避免地会发生同质化竞争的现象。有效的产品细分能提高企业的竞争力，有利于企业的发展。避免同质化竞争的主要方法就在于设计上的转变，发挥自己产品的设计优势，而产品细分又提供了一个更好的解决办法，不但能丰富产品市场，而且能依靠企业自身产品的特点来进行产品细分，从而走出一条自己的发展之路，避免了同质化竞争。

（2）有利于提高人们的生活水平和促进我国产品设计的发展。设计是一种生产力，每一次设计的变革都会对人们的生活带来影响，工业设计中产品细分满足了人们个性化的需要，极大地改变了人们生活的环境，使产品更加适合人们的使用习惯，它体现了一种对人的关注，使人类的生活发生了很大的改变。与此同时，产品细分必将促进企业对设计的重视，加大对设计的投入，使全民对设计的重视程度增加，促进了我国产品设计的发展。我国的工业设计起步较晚，加强工业设计发展已经刻不容缓。

可见，产品细分将来的发展趋势将是对产品越来越细化，只有这样才能满足人们不断变化的需要，人们的生活水平越高，产品的细分程度应该越细。此外，产品细分将从我国自身的特点出发，走出一条注重民族文化和注重地域性特点的产品细分之路，只有这样才能更好地适应我国消费人群的消费心理和使用习惯，服务于我国的消费人群。

第二节 现代工业产品的设计现状

工业设计是以工业产品为主要对象，综合运用科技成果和工学、美学、心理学、经济学等知识，对产品的功能、结构、形态及包装等进行整合优化的创新活动。大力发展工业设计，是丰富产品品种、提升产品附加值的重要手段；是创建自主品牌，提升工业竞争力的有效途径；是转变经济发展方式，扩大消费需求的客观要求。

当下，工业设计已经成为全球各地区新的经济增长点和重要支撑，世界上许多发达国家和新兴工业国都极为重视工业设计，将其作为实现经济集约增长的关键要素和推进国家创新战略的重要环节。在各国政府的关注和扶持下，国际市场上一大批具有雄厚设计实力的大型企业脱颖而出，如美国波音公司（图 4-4）、IBM、苹果公司，德国奔驰（图 4-5）、宝马、大众、西门子（图 4-6），日本佳能（图 4-7）、索尼、丰田等企业，无不以其卓越的工业设计占领全球市场制高点。

图 4-4　美国波音公司生产车间全貌

图 4-5　德国斯图加特奔驰汽车总部

图 4-6　德国西门子集团

图 4-7　日本佳能东京下丸子本社（总部）

据中国产业调研网发布的《2016 年中国工业设计市场现状调查与未来发展趋势报告》显示，在“大环境”大大改善的情况下，一些原来领先的企业继续领跑，一批新兴后上企业急步向前，涌现了一批领军人物和优秀产品，许多产品不但获得国内“红星奖”，还获得国际上知名的奖项。2014 年 12 月 17 日，中国工业设计协会“设计知识产权交易中心”成立。我国工业设计产业在取得长足发展后，在北京、长三角、珠三角地区设计产业呈现欣欣向荣局面的同时，总体水平上还与成熟的发达国家有较大的差距，主要表现在以下几个方面：

（1）工业设计的基础相对薄弱。相比其他国家，我国的制造业长期处在“中国制造”阶段，工业设计存在起步晚、基础差的特点。1986 年，我国第一家专业设计公司成立，目前，这类设计公司已经超过了万家。虽然设计公司数量日渐增加，但是其工业设计的创新意识不强，更多时候仍是奉行“拿来主义”，真正能够转化为生产力的少之又少。

（2）对工业设计的作用认识不到位。首先，政府在政策扶持方面缺少长期规划，偏向于“短、平、快”，过度重视短期的能够容易出效益的产品，而缺乏对工业设计的必要扶持；其次，政府对知识产权保护不足，不利于工业设计的长期发展；最后，作为企业，营利的目的使得大部分企业宁可花大价钱去买一项技术，也不愿意将资金投入设计上去。认识的不足直接影响了工业设计的发展。

（3）工业设计与市场需求不符。目前，高职院校在对工业设计专业人才进行培养时，往往是“为了研究而研究”，大多重视培养学生的理论研究水平，而缺乏对市场需求的分析，导致工业设计水平一直处于初级阶段，设计方案常常不符合实际情况，工业设计与实际应用脱节。

（4）工业设计缺乏创新动力。虽然我国是世界上最大的制造业国家，工业创新意识在不断增强，近年来，也出现了一些诸如海尔、联想等综合实力较强的企业，它们专门成立了工业设计部门以提高产品设计水平，但是，从整体来看，我国大部分企业创新意识不够强，缺乏创新的动力。

（5）工业设计的民族底蕴表现不够。经济全球化推动了我国工业设计理念朝国际化方向发展，但民族底蕴表现仍然不够。虽然中国的传统元素被显示在产品的外包装上，但是更多时候，只是一种装饰的手段或方法，它们并没有真正地融入创新中去。

综上可见，我国的工业设计在面临巨大的挑战同时有着巨大的发展潜力，问题就在于如何正确合理地引导，这就需要借鉴国外先进国家发展的经验，找出适合我国发展的模式，实现我国工业设计产业的腾飞。对于如何推动我国工业设计发展，可以从以下几个方面入手：

（1）加大投入和支持。一方面，政府要从整个市场的良性发展着眼，更加重视企业工业设计的重要意义和作用，调整相关政策，加大扶持力度，为设计业提供更多的机会和空间，引进更多的设计人才。同时，各地政府要结合自身实际，将工业设计与当地优势产业结合起来，完善工业设计的经济实现机制，提高企业的创新能力，激发企业的生产热情，使得工业设计研究符合产品生产的需求，缩短二者之间的差距。另一方面，企业要更加重视工业设计的自我创新，有条件的企业可以设立工业设计部门，自主研发产品，对于优秀的设计人才要给予鼓励和奖励，建立自主品牌以提高自身竞争力。

（2）健全人才培养和引进机制。目前，我国对工业设计人才的培养主要是通过高职院校设立工业设计相关专业进行教学式培养，在这种模式下，工业设计专业人才的理论水平得到了很大提高。但理论离不开实践，只有在实践中发挥主观能动性并指导实践，才能不断完善和丰富理论知识，推动理论向深层次方向发展。人才的培养亦是如此，培养人才的目的不仅仅是灌输他们多少理论知识，更重要的是要发挥他们的主观能动性，培养他们的实践应用能力，让他们做到“学以致用”。因此，高职院校在培养工业设计人才的时候应当将市场需求与教学知识相结合起来，对教学模式、课程设置等进行相应的改革才能培养出更加优秀的工业设计人才。此外，国家和企业还要进一步优化人才引进机制，借鉴其他发达国家在工业设计人才培养和引进好的做法和经验，留得住人才，好好利用人才。

（3）在工业设计过程中要增强创新意识。在工业设计过程中，要大力倡导发展诸如环境保护设计、生态设计等绿色设计理念。但同时要注意，创新不是不切实际的盲想，创新必须要建立在市场需求的基础上，从实际情况出发，在考量经济效益的同时还要权衡环境效益。

（4）加强中国特色的工业设计建设。在电子消费品更新换代频繁的今天，我国企业大部分还是处在代加工的地位，与核心技术无缘，更不要说融入中国特色元素。从长远看，中国要建立自主品牌，必须要加强具有自身特色的工业设计发展。同时要注意到，融入中国元素并不是做简单的加法运算，而要考虑功能、理念等多种因素。

总之，发展我国工业设计是实现“中国制造”走向“中国创造”的必由之路。基于我国现阶段工业设计的不足之处，国家和企业都必须从市场需求的角度出发，站在现代工业和传统文化的基础上，运用现代科技手段有创造性地进行工业设计活动，才能不断提高国家和企业的竞争力，开创具有中国元素、民族文化底蕴的工业设计道路。

第三节 产品设计的多元化发展

一、设计多元化的兴起

设计的多元化其实在最初设计的产生中就有所体现，如最初的器具纹样，就有豪华与简洁之分；到了手工业时代，自然环境成为决定设计多元化呈现的重要因素。以建筑为例，我国北方气候相对寒冷，地形平坦开阔，材料相对南方来说也较单一，民风淳朴、粗犷、憨厚，受自然环境、人文因素的综合影响，建筑多呈现色彩鲜明、敦厚大气、质朴的特色；而南方气候则潮湿，雨水偏多，且平原相对较少，多为丘陵山地，造就了素雅宁静、错落有致的特色。南北方建筑总体来说符合以上特点，但是即便是北方或者南方不同地域之间的建筑风格差距也极大，如北方西北地区的窑洞（图 4-8）、南方傣族的竹楼（图 4-9）、游牧民族的蒙古包（图 4-10）等，这些都是设计多元化在建筑方面的体现；伴随着欧洲工业革命的爆发，大工业时代给手工业时代设计的多元化带来了强大的冲击，这个时期的多元化是跟批量化的机器生产相矛盾的，各种尖锐的社会问题也随之而来，随着英国工艺美术运动的开展，现代设计运动拉开了帷幕，现代艺术设计的多元化风格初见端倪；20 世纪 70 年代，后工业时代来临。由于信息的普及，各地域间文化交流空前活跃，世界进入了全球化时代，作为与人们生活密切相关的各种设计也出现了异彩纷呈的局面。艺术设计出现了空前繁荣的景象，现代艺术设计中多元化的设计时代正式开启。

图 4-8　西北地区的窑洞

图 4-9　西双版纳傣族竹楼建筑

图 4-10　游牧民族的蒙古包

二、影响设计多元化的因素

从上述设计的多元化发展历程来看，影响设计多元化的因素有以下几个方面：

1. 经济转型与文化多元化

20 世纪七八十年代，人类社会进入信息时代，大众传播媒介以及交通、通信的发展使得不同地域的人们之间联系越来越密切，世界各地间的距离越来越小。后工业时代，首要的、也是最简单的特征就是：大多数劳动力不再从事农业和制造业，而是从事服务业。服务业的兴起，使得设计种类增加，市场对设计的需求扩大，这必然促使设计向着多元化的方向飞速发展。

在后工业时代，文化的多元化直接导致社会生活的多元化，不同的人群有着不同的市场要求，打破了在此之前现代主义设计传统的局面。朋克、高科技、极少主义、解构主义以及各种历史主义变体等思潮都影响着后工业时代的设计风格，出现了风格缤纷复杂的后现代主义。后现代主义对于文化及艺术有很大的包容性，如汉斯·霍莱恩设计的沙发（图 4-11），就融合了古罗马、波普以及装饰艺术

图 4-11　汉斯·霍莱恩设计的沙发

运动的风格。

2. 科技的进步与设计理念的发展

科技的进步对设计的影响首先体现在材料上。随着各种各样的新型材料不断问世，提供给设计的选择范围也越来越广，这就促使设计师们放开思想、大胆创新，从本质上转变了大工业时期设计思想受工厂批量生产的局限。

科技对设计的影响还体现在设计载体与工具的多样化上。科技的进步带来了多种多样可供设计者选择的设计工具，使设计者设计思想的表达方式具有了多样性。例如，设计软件以其能轻松处理设计效果使得设计者的设计思维能更加简单表现出来这一优点在设计界站稳了脚跟。多种多样的新型工具不仅使得设计的表达有了更多的选择与形式，并且还因此出现了一些新型的设计类别，为设计的多元化进程提供了动力。

现代社会人们的物质生活水平已经基本满足，开始有了更高的精神追求，个性的解放使设计思维更加活跃。现代社会是一个可以容纳各种思想理念的社会，社会中各种思想理念并存，人们对精神生活的追求也呈现多样化，进而使设计理念呈现了多元化。

3. 生活方式对设计多元化的要求

随着社会的发展，生活节奏的加快，人们的生活内容也变得丰富多彩，人们的追求较之以前也有所不同。例如，在电灯刚出现时，人们追求的仅仅是其实用功能，而现在人们的要求不仅仅是要满足照明需求，更要造型美观、亮度适宜、节能并且环保。在一些特殊的场合，灯具不仅仅作为照明之用，也能用于制造氛围或者光景观效果，如图 4-12 所示。在经济发达的今天，人们的生活消费领域也发生了重大的变化，其中，非物质形态的商品占了相当大一部分的比重。人们的生活消费从简单的物质消费过渡到了以服务型消费为主。服务型消费拥有更短周期这一特点，使得其设计也必然要在更短的周期内不断变换自己的风格，以迎合市场需求。

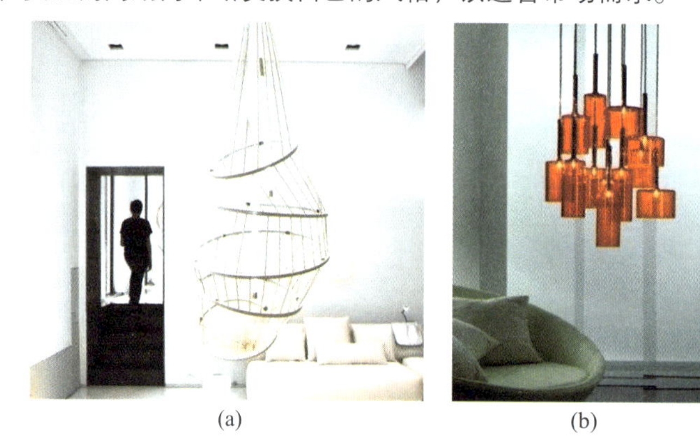

(a) (b) (c)

图 4-12 现代灯具造型多元化趋势明显

除了要求产品的实用价值，人们对产品的设计理念、形象、包装以及品牌等非物质因素的要求也越来越高。

4. 社会思想多元化的影响

在人类发展过程中，人们在满足了自身生活需求之后，开始了对自身、对周围环境、对真理、对社会的思考。随着人类的思考，人们的思想越来越成熟，各种不同的思想自成一派并且相互影响，这些社会中不同的思想造就了不同的宗教、哲学、艺术、文化流派，而宗教以及哲学是影响艺术的重要因素。

宗教对艺术的影响从积极方面来说，艺术被用来宣扬以及传播宗教思想，宗教也为艺术的发展提供了内容和题材，对艺术的发展起到了很大的推进作用，不同的宗教派别出现了不同的艺术风格，也就造成了艺术设计的多元化。哲学对艺术影响的重要地位是毋庸置疑的，哲学是人类对人、自然、社会的综合思考，包含着一定的人生态度，是人们思想的高度体现，除了受客观环境的影响，艺术发展的方向还主要取决于人们的思想方向，哲学是人们思想的体现也影响着人们的思想，某种程度上讲，哲学也是社会思想的反映。不同的哲学思想带来了思想上的多元化，进而带来了艺术设计的多元化。

5. 审美多元化的影响

人们的生活方式、生存环境不同，时代、地域的不同，带来了不同时期以及不同地域人们审美观念的不同，每个时期的艺术设计形式以及审美观念也不尽相同，风格各异。人类进入信息时代之后，在全球化的大范围下，功能性所带来的价值已经不能满足人们的需求，随着眼界的开阔，人们期待更加具有美感跟艺术性的设计物品。信息时代的设计脱离了工业时期的机械化与千篇一律的设计风格，转变为形式各异、缤纷复杂的多元化艺术风格。现代设计的包容性，使得民族的、传统的文化精髓融入现代设计中，这种设计是融合了传统元素的再创造而非单纯的模仿。

审美水平与要求的提高，促使设计不断创新，以适应人们的审美需求。审美的多元化与设计的多元化是相辅相成的，审美多元化促使设计多元化发展，设计往多元化方向发展必然也使得人们的审美更加多元化。审美的多元化给设计带来丰富的设计理念，也给新技术、新材料带来了更大的发展空间。

三、工业设计领域的多元化表现

进入信息时代以来，科技飞速发展，人们生活水平不断提高，人们对产品所蕴含的产品理念以及造型有了更多的要求。社会大环境决定了人们思想的开放，人们开始追求个性的张扬，对产品的艺术感有了更多的自我意识。最主要的，科技产品的种类繁多、层出不穷、更新速度之快，给工业设计的多元化发展提供了基础，新型产品不断问世，工业设计的创新周期也随之越来越短。更好性能的新产品不断取代旧产品，并且，由于科学技术与科技产品的全球化普及以及世界科技市场对产品设计的不同需求，工业产品的设计也是多元化的。

整个工业设计的发展是向着多元化方向的，除了整体发展的多元化之外，在设计具体的材料、工艺、造型、色彩、功能、理念以及风格等方面都呈多元化发展趋势。

1. 设计材料的多元化

材料是实现设计的载体。人类从学会使用工具开始，就尝试用不同的材料制作不同的工具，并且会根据自己的设计所需去进行材料的生产。在人类使用材料进行设计与生产的历史长河中，材料是随着社会的发展越来越多样化的，特别是在科技发展迅速的今天，长久的历史积淀与现代科学技术带来的材料创新，使得现代设计在材料方面有着数之不尽的选择。由于现代设计思维的开放性，人们对设计产品材料的重视程度并不低于对设计本身的要求。材料的使用是设计师在进行设计活动时所必须考虑的因素，是设计不可缺少的一部分。

设计师对材料的把握、选择与喜好都是不同的，科学技术的发展，带来了更多的新型材料，不同的材料有着不同的表现力。现代设计师进行设计创作时，由于材料的多样性，其设计作品在材料方面有着更多选择，能更加放开自己的设计思维，更多富有创意的个性设计能被最终实施，这与设计多元化的发展史相辅相成。设计师利用不同的材料，设计制造出千变万化风格各异的产品（图 4-13、图 4-14），满足人们需求，这正是设计多元化的一种体现。

图 4-13　竹制家具

图 4-14　陶瓷茶具

2. 设计造型的多元化

设计除了要满足人们的功能需求外，还要满足人们的审美需要，因此不管是产品的设计还是平面设计或者是立体的设计，造型都是设计者首要考虑的因素之一。在现代艺术设计中，造型可以细分为很多种：装饰造型、包装造型、形象造型（图 4-15、图 4-16）等，这里所说的造型多元化是在整体艺术设计下，在设计中的造型这一基本任务。

图 4-15　现代室内装饰设计

图 4-16　巴黎时装周 Maison Margiela 秀场上的一袭带有立体人脸图案的白色风衣装扮

造型是设计的框架，是整个设计的基础。人们对精神世界的追求体现在设计上，通过造物来展现，不同的时代、不同的民族所展现的内容也不同，在审美上也千差万别。由于这种时代、地域、民族的不同，造物也就出现了多种多样的形式与风格，设计的造型也就呈现了多元化的状态。

3. 设计色彩的多元化

设计师对色彩的运用带有强烈的情感色彩，相对来说，人们对于色彩也有自己的喜好，有的人喜欢暖色系的红黄，有的人喜欢冷色系的蓝紫，这些都是由人的情感因素所决定的。同时，色彩作为设计的基础部分，随着设计风格的不同也呈现出不同的风格，如在同一地区的某一时代，色彩也会有它自己的主题与流行趋势，因此不同的时代也就有着不同的色彩主题；同样，在同一时代的不同地区、不同人群范围内，在不同产品、不同主题、不同理念的设计上，也有不同的色彩主题。例如，奥运会火炬设计就在不同的承办国家具有不同的色彩主题。如图 4-17 所示，2008 年北京奥运会火炬采用红色这种民族色彩作为主题色，模仿了纸卷轴；如图 4-18 所示，2012 年伦敦奥运会火炬则全身均为金色，首次融入火炬手的符号，首次顶部采用三角形的设计，整体兼具运动气息和指挥棒般表演职能，像道闪电，充分体现了人文的创新性；如图 4-19 所示，2016 年里约奥运会火炬的设计方案主体为白色，上面绘有五条不同色彩的曲线，分别代表大地、海洋、山脉、天空和太阳，同时还对应着巴西国旗的颜色。此外，火炬的整体外观轮廓也体现了“运动、创新与巴西风格”。

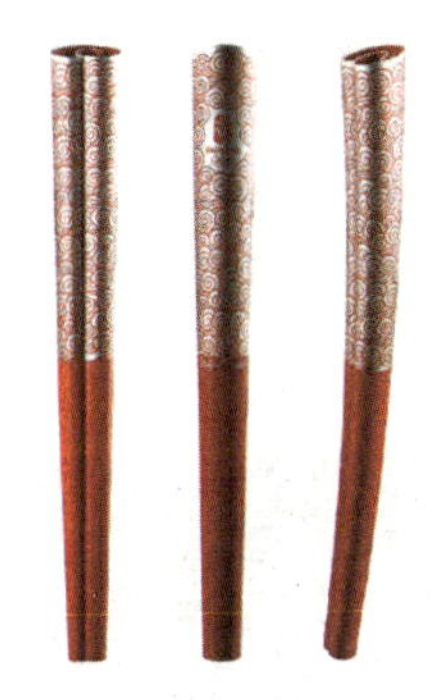

图 4-17　2008 年北京奥运会火炬

图 4-18　2012 年伦敦奥运会火炬

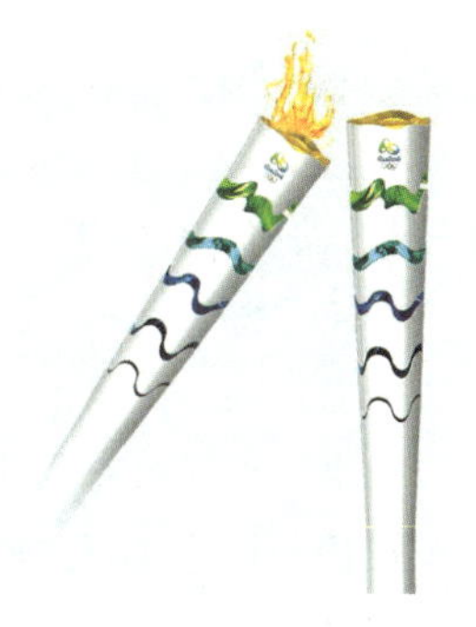

图 4-19　2016 年里约奥运会火炬

在信息时代，艺术设计在多元化的方向上飞速发展，设计对色彩的运用也变得多元化。纵向上来说，人们在不同的时期对色彩的喜好不同；横向上来说，现代社会设计是大众化的设计，大众对设计中色彩的不同要求也使得设计在色彩上出现多元化发展。如今，人们可以自由追求自己的精神世界，人们的思想开放了，设计的风格也就开放了，设计色彩自然也是多元化的。

4. 设计功能的多元化

功能是一件产品设计中要考虑的基本因素，设计者在考虑产品的审美性的同时，还要考虑怎样使一件产品最大限度地发挥其功能，这点在工业设计中表现最明显。在信息时代，作为一件功能性为主的产品来说，设计师在设计其外形时，要在不降低产品的使用功能基础上进行。如图 4-20 所示，这款三合一烧烤架独特的外观以金属炉台加上木制脚架、手把组合而成，宛如炉窑一样，能够将食物放入其中加速烘烤。看似一体的炉窑造型，将上下部分由连接处分开后，上盖的部分放上木板，立刻可以变身为边桌 + 烤炉的使用方式；边桌可以摆放烤肉用料或是其他餐点，而原本的底座，则是成为一般的烤台，可以轻松从各面烧烤食物。产品种类的繁多，消费对象的多样性，使得产品在被设计的同时注入了多元化烙印。

图 4-20　三合一烧烤架

5. 设计风格及理念的多元化

设计的多元化最主要的表现就是设计风格的多元化。每个设计作品都有自己独特的风格，设计风格是一个设计师艺术文化积淀、思维喜好以及所处社会背景的表现。

在设计发展的历程中，设计风格跟当时的社会文化背景是紧密相连的。纵观世界设计历史，设计往往被冠上某某风格、某某流派的标签，人们将那些在造型、色彩、思想内涵上相同或者相似的设计统一给一个代表其风格的名称。在世界设计史上，不管是同一时代或者不同时代、不同风格的设计，一般来说都是独立存在的，但是在信息化的现代社会，因为科技发展、人类思想解放、区域间交流增强等原因，只要是存在于人类历史中的有标签的设计风格甚至没有标签的设计理念、自然元素、社会元素、理想概念等，都可以用在设计当中。设计师除了对已有的理念进行融合创新形成新的设计理念，还会去创意新的设计理念，设计理念及风格伴随着设计整体向着多元化发展。

现代社会中流行的设计风格种类繁多，如追寻原始、洛可可、巴洛克等艺术元素的复古风，带有浓烈的民族色彩的民族风等。如图 4-21 所示，设计师将非洲加蓬传统面具的元素运用到手表当中，使手表具有了非洲民族特色。此白色面具的忧郁气息和圆形的造型，予人以严肃的感觉，同时展示雕刻家超凡的敏感性。多种多样的设计风格大大丰富了人们的生活，满足了不同人群的精神需求。

图 4-21　非洲面具腕表

设计多元化的迅猛发展，带来了设计的空前繁荣景象，但是这里面也存在一些问题。社会贫富差距的加大，商业化的社会生活，部分人的攀比心理以及虚荣心理促使了天价设计、奢侈品的产生。人们盲目追求时尚，天价奢侈品满足了部分人的虚荣，部分消费者为了“显示品味”而随波逐流，一些设计者为了利润而设计，盲目迎合消费者的心理而忽视了产品的设计理念及自身的设计风格。但作为历史发展的必然，设计多元化的积极作用是显而易见的。首先，多元化的设计有利于市场经济的发展。在市场经济一体化的信息时代，企业间市场竞争的手段除了管理、产品质量外，更重要的就是企业品牌跟企业的设计理念。设计的多元化造就了一个多元化的产品市场，促进了市场企业的竞争。其次，多元化的设计提高了人们精神物质生活质量。设计的目的不仅仅是让企业适应市场需求，为企业迎来利润，其最主要的目标是完善人们的需求，提升生活品质。设计的多元化发展，使得人们接触到更多的设计理念、文化思想，在开阔视野的同时，使自己的思想境界得到提升与扩展。设计多元化的发展还带来了高水平的生活质量，多元化的设计产品丰富了人们的物质生活，提高了生活质量，还给人们带来了愉悦的心情。

四、信息时代的产品设计

如果说 20 世纪末的设计师们抱着冷静、理性的思维是对以往工业设计历程的反省，那么，21 世纪的设计师则从关注风格变化转向深层次探索工业设计与人类可持续发展的关系层面，力图通过设计活动，在人、社会、环境之间建立起一种协调发展的机制。于是，体验设计、交互设计、绿色设计应运而生，并成为当今信息时代工业设计发展的主旋律。

信息时代的产品设计主要具有三个特征：

1. 体验设计需求

21 世纪初，美国未来学家杰里米・里夫金在《第三次工业革命》中预言，一种建立在互联网和新能源相结合基础上的新经济即将到来，在接下来的半个世纪里，第一次和第二次工业革命形成的传统、集中的经营活动，将被第三次工业革命的分散经营方式取代。有着类似思考的英国经济学家保罗・麦基里也认为，这种建立在互联网和新材料、新能源相结合基础上的工业革命以“制造业数字化”为核心，并将使全球技术要素和市场要素配置方式发生革命性变化。

第三次工业革命，设计师遵循着与第二次工业革命截然不同的理念，将最复杂的工业机器改造为一种彻底的“顾客体验至上”的产品。谢佐夫在《体验设计》一文中指出：体验设计是将消费者的参与融入设计中，是企业把服务作为“舞台”，产品作为“道具”，环境作为“布景”，使消费者在商业活动中感受到美好的体验过程。体验设计的关注点从功能实现和需求满足转向用户体验，以便可以达到产生惊喜的最终目的。体验设计通过使用情境来发现问题、明确目标和提供解决方案。其产品设计的重点在于体验的过程，而非最终的结果，如深泽直人为无印良品设计的 CD 播放机，这个 CD 播放机的开关依赖于一连串拉下线绳的动作，开启后 CD 开始慢慢转动，音乐随之播放，如图 4-22 所示。设计师的设计初衷在于设想在 CD 播放器里内置一个扬声器，并将它悬挂在墙上，场所可以是在卫生间里、厨房里、浴室里、车库里或书房里，能够实现边工作、边听音乐，其在外观上借鉴通风扇的造型。设计的本质在于设备自身的交互性和使用体验。

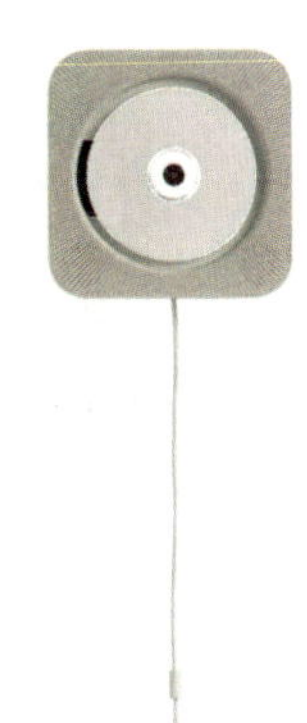

图 4-22　深泽直人设计的 CD 播放机

2. 交互设计视野

苹果电脑的诞生，开启了一个新的时代，其创新的用户交互系统，设计中提倡的界面友好原则，将过去复杂的技术转化为日常生活中的一部分。设计的产品是有生命的，它们与人类相互交流，给人们带来了新的生活方式。1984 年，比尔・莫格里奇提出了“交互设计”的概念。当前，交互设计成为设计界的一个共识性课题，它是信息社会主流设计的重要模式或方式之一。2005 年，世界交互设计协会的成立，标志着交互设计已成为设计领域中新生的分支学科，并有着广阔的发展空间，代表着设计发展的主流方向。

当今的交互式产品设计，形式和功能可以完全无关。而在过去，人们称之为“模拟形态”产品的时代，“形式追随功能”看起来是正确的，现在，这一切都被芯片所替代了。因此，设计已经从实体的物质文化，迁移到越来越不可触摸的非实体的非物质文化上来，这带来了设计中大量的紧张和冲突。例如，比尔・莫格里奇在使用自己设计的笔记本电脑时，就认为真正感兴趣的东西是这个电脑里面所设计的软件程序，而很少涉及它外部的物质设计。人们在使用电脑产品时，人和机器之间的互动完全是通过数字化的软件来实现的。所以，他认为如果要是希望设计整个使用体验，就应该学会如何设计这个软件。当然，交互设计不仅是设计软件，还包括设计硬件。例如，日本设计师深泽直人设计的“土豆形手机”，就是通过实体外形，来感受触摸所传递的交互信息，如图 4-23 所示。

图 4-23　深泽直人设计的“土豆形手机”

最初，苹果的 iWatch 是一款可穿戴的健康追踪设备，但是在阿根廷设计师托马斯·玛亚诺的眼里，它并不简单，而是应该“在人类和技术之间构筑更深入的交互”。他设想了一个纯圆形的设备，内侧有沟槽，可以更换不同的内表面、表带，而且没有任何按钮、孔洞，完美防水防尘，没有扬声器，而是通过振动来发出提醒，如图 4-24 所示。滕海视阳网络科技（北京）有限公司于 2013 年研发出售的一款体记忆运动数字手环，从“全民健身”的角度出发，根据人体机能科学设计“运动”“工作”“睡眠”等三种模式，并且尤为突出的是在“运动”状态下，体记忆时间环可以智能识别穿戴者当时的运动状态，提供 App 程序及 PC 客户端下载，进行“个人目标设置”及数据上传，云平台可进行健康管理、运动目标管理及睡眠管理，体记忆运动健康管理以一目了然的饼图或柱状图、进度条以及振动提醒、邮件反馈等方式，向使用者呈现“运动”“睡眠”“膳食”“生理”等方面的健康评测报告，如图 4-25 所示。

图 4-24 iWatch

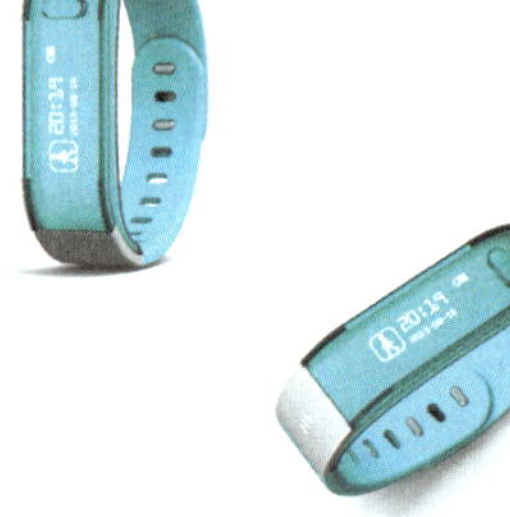

图 4-25 体记忆运动数字手环

3. 可持续设计思考

当前，绿色设计、生态设计、低碳设计等不同的称谓都指向可持续发展的方向。同时，交互设计给人们带来了“增强现实技术”。绿色设计不仅是一种技术层面的考虑，而且更重要的是一种观念上的变革，要求设计师放弃过分强调产品在外观上标新立异的做法，将重点放在真正意义的创新上，以一种更为负责的方法去创造产品的形态，用更简洁、耐用的造型使产品尽可能地延长使用寿命。

需要指出的是，绿色设计主要还是针对物质产品的设计而言的，所谓的“3R”目标也主要是指技术层面上的。要系统地解决人类面临的环境问题，还必须从更加广泛、更加系统的观念上来加以研究。就像现代主义所追求的乌托邦式的社会理想与资本主义社会的经济现实难以协调一样，绿色设计在一定程度上也具有理想主义的色彩，要达到舒适生活与资源消耗的平衡以及短期经济利益与长期环保目标的平衡并非易事。

第四节 产品服务设计

一、交互设计

“交互”源于英文“interaction”和“interactive”，泛指人与自然界一切事物的信息交流过程，表示两者之间的相互作用和影响，与汉语词典中指“互相”或“交替”的原意有所不同。交互需要两个以上的参与对象，从使用产品的角度可以认为交互是作为服务使用者的用户与服务提供者的产品以及环境之间的互动及信息交换过程。图 4-26 所示为简单的手机 App 交互界面设计。

图 4-26　手机 App 交互界面设计

人与产品的交互过程必然伴随着一系列的交互行为，这种行为可能是享受也可能是烦恼。例如，人们可以随时随地通过 ATM 取款，非常便捷，但可能也会为取款过程中意想不到的事件而担忧，吞卡、他人窥视、假钞等意外事件说不定会发生，这种与产品交互“不顺”带来的“郁闷”说明了产品设计本身可能存在问题。因此，现实与预想往往存在差距。

一个完整的人与产品的交互行为应该包含输入与输出两个阶段。输入是指用户通过按键、语音、触摸、视觉、动作等方式将自己的任务信息传递给产品。输出是指产品在处理过用户的任务信息后，经由显示器、音响、指示灯等设备将任务完成情况反馈给用户。人们使用产品的过程就是由一个个交互行为组成的人与产品的交互集合。

1. 交互设计的概念

（1）交互设计是否等于人机交互。人机交互主要是指人与计算机的交互，交互的对象特指计算机。人机交互作为一门学科，是关于设计、评估和实现供人们使用的计算机系统，研究的目的是解决系统的可用性和易用性问题。从人机交互技术层面来看，侧重于人与计算机的交互方式如何用软硬件技术来实现。从人机交互设计层面来看，则侧重于人与计算机的交互方式的设计过程与方法。

而交互设计涉及的对象更为广泛，可以是无形的游戏和软件产品，也可以是有形的家用电器、消费电子和交通工具等各类实体产品，还可以是空间、互联网和服务等。交互设计是指设计应注重人和产品间的互动，要考虑用户的背景、使用经验以及在操作过程中的感受，从而设计出符合最终用户的产品，即“设计用于支持人们日常工作、生活的交互式产品”。

可见，交互设计不等于人机交互，它包含人机交互，关注的重点在于人与系统（由产品和整个环境构成）之间的交互。

（2）交互设计是否等于界面设计。界面设计（Interface Design）关注的是界面本身，如界面组件、布局、风格以及支持的有效交互方式等。界面设计是为交互行为服务的，是交互设计的一部分。交互行为确定了界面的设计要求，而界面上的组件服务于交互行为，设计时追求布局的合理、风格的统一、表现的艺术性及使用的便捷等。在多数情况下，界面设计主要指的是人和机器的交互层面设计，如应用程序、网页、媒体操作等界面，是基于计算机的软件产品的重要组成部分。交互设计更加注重产品和使用者行为上的交互以及交互的过程，在深度和广度上超越了界面设计，强调的是设计理念和方法。

（3）交互设计是一种设计方法。美国学者 cooper 曾提出“认知摩擦”的概念，主要指的是技术的应用和功能的堆砌所带来的产品复杂化、难于理解和使用，使得用户很难通过感官来预测操作结果这种现象。可见“认知摩擦”虽与技术应用有关，但更主要的是不适宜的设计造成的。从这一点可见，交互设计是一种把技术化产品变成智能化产品的设计方法。

交互设计不同于传统意义上关注功能、结构、人因、形态、色彩、环境等设计要素及多种可靠的实现手段的产品设计，而是强调用户与产品系统的交互行为、支持行为的功能和技术以及交互双方的信息表达方式和情感等，是直接影响产品最终用户的设计。比尔・莫格里奇认为，交互设计关注的不仅是实体产品，而且也重视服务。从宏观上来说，交互设计涵盖了物质设计与非物质设计两方面，也就是硬件与软件及其服务。

2. 交互设计的发展和现状

尽管设计师们普遍认为交互设计是比尔・莫格里奇于 1984 年在一次设计会议上提出，于 1990 年定名。但是谈到“交互设计”的起源，还是要追溯到 1946 年诞生的世界上第一台计算机 ENIAC。当时为了使用计算机，人们必须去适应机器，采用机器语言进行操作，到了 20 世纪 70 年代，计算机的操作随着性能的不断提升而变得越来越复杂，出现了计算机系统和不易理解的机器语言使操作者和计算机之间的交互极为困难；低效和枯燥的输入、输出方式使复杂的计算机操作十分乏味等两个棘手的问题。20 世纪 90 年代开始，由于因特网的出现，计算机用户由专业工程师和科学家身份转变为大量不具备专业背景的普通人群；计算机也由于微处理器的嵌入变成体积小、更便捷的移动设备。因此如何从人的角度去思考和运用技术成为设计学科新的挑战，除了关注产品的功能性与外观之外，人与人之间借助带有计算机系统的移动设备所进行的交流与沟通亟待需要发展一种新的设计予以解决，这就是目前热议的“交互设计”。图 4-27 所示为交互设计的交叉学科特性。

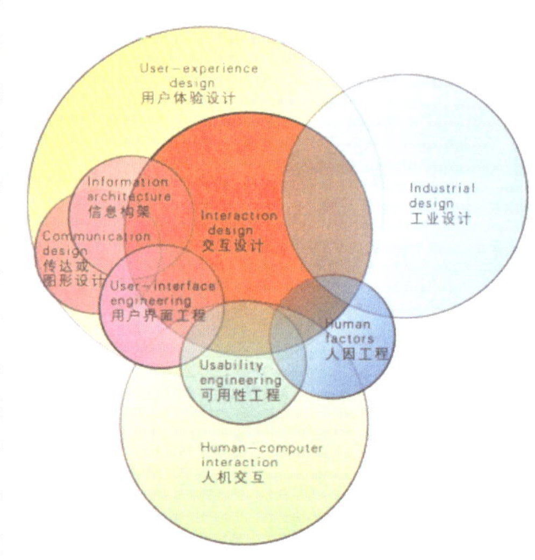

图 4-27 交互设计的交叉学科特性

目前，国外交互设计正在由计算机科学领域向有形的实体产品设计与开发领域渗透。美国的麻省理工学院（MIT）、卡耐基梅隆大学（CMU）、加拿大的西蒙弗雷泽大学（SFU）等高校都在开展交互设计方面的相关研究，有的还设有交互设计方面的专业或研究方向，卡耐基梅隆大学设计学院设有交互设计专业硕士学位。国内在这方面的研究多集中在计算机科学领域，交互设计在工业设计方面的应用和研究才刚刚起步。

交互设计中包括交互媒体设计，其主要研究媒体创意与程序相结合的媒体设计艺术与技术，用各种新颖的交互方式取代单一的鼠标和键盘交互方式，使人们能充分感受到现代技术与艺术结合带来的感官冲击和体验。

将交互设计思想引入面向实体产品设计与开发的工业设计领域，在国外已经有多年的发展历史。作为国际知名的工业设计公司，IDEO 运用富含交互设计思想的情景故事法设计了大量的优秀产品。在理论研究方面，一些著名大学也早已开设了相关的专业或研究方向，如瑞典查尔默斯技术大学、美国的卡耐基梅隆大学、麻省理工学院、德国的哈勒艺术和设计学院及英国的诺丁汉特伦特大学等，在交互式产品设计方面都取得了较好的研究成果。国内的相关研究尚处于起步阶段，交互设计还是大多集中在软件界面领域，在工业设计领域的应用成果比较少见。

提到交互设计思想应用于工业设计领域产生的优秀产品，就不得不提到苹果公司的 iPhone 手机（图 4-28），这款采用交互设计思想设计的智能手机，造型简单，用户体验非常优秀。这种优秀的用户体验得益于苹果公司长期以来积累下来的大量的用户认知模式和行为习惯的研究成果，用户拿到手机后不需要进行任何学习，就可以顺畅地使用手机。iPhone 手机也成为全球最畅销的手机，苹果公司也因此一度成为最有价值的公司。采用交互设计思想的苹果公司成绩斐然，促使交互设计思想在工业设计领域的应用也获得了长足发展，工业设计不应是设计美化产品造型、完善产品功能、改造工艺技术或降低工程技术成本等方面的简单堆砌，而应该从以用户为中心的角度出发，设计出让用户能够在轻松、愉悦的心情下使用的产品。交互设计思想将成为工业产品设计中不可或缺的重要指导原则。

图 4-28　iPhone 手机

在国内，交互设计受限于计算机行业和设计行业的发展现状，软件界面的交互设计在 2000 年才开始萌发，直到近年才摆脱可用性层次，开始关注用户体验。工业设计领域的交互设计研究更是在近几年才兴起，学术研究工作较少。可喜的是，交互设计越来越受到设计从业人员的重视。在理论研究方面，涌现出了大量的专业著作，如《体验与挑战：产品交互设计》一书，作者将交互设计的理论基础、系统结构、学科特点和设计过程结合实际案例做了系统的介绍，并且提出了被广大设计人员采用的产品模糊综合评价方法，这一方法的提出，对交互设计的实际运用起到了巨大的推动作用。在实践方面，目前国内很多企业都设立了自己的交互设计中心，有针对界面设计领域的，如阿里巴巴、迅雷、网易和腾讯等互联网公司；也有针对工业设计领域的，如联想、美的、TCL 等传统行业巨头。

3. 交互设计的目的

简而言之，产品交互设计的目的是为用户开发一种有用、好用和想用的产品。用户在使用这种产品的过程中不仅能通过产品具有的功能完成预定目标，而且能感受到由于人和产品之间的信息交互所带来的具有情感成分的一种体验。显然，这种产品已不同于一般意义上的产品概念，为了区别，称之为“交互式产品”。交互设计要解决的问题在于可用性、用户体验及两者之间的关系。其中，可用性目标具体体现在：产品本身功能实用、安全有效、性价比高的“有用”的物质特性价值方面和产品易于操作、易于掌握、性能可靠的“好用”的使用价值方面。

用户体验目标的实现具体体现在：产品所采用的技术、具有的功能和设计的外观等具有“吸引人的”和“渴望拥有的”等用户“想用”的非物质属性方面。根据不同的产品类型，用户体验目标也会有所区别。

由此可见，产品交互设计的可用性目标和用户体验目标两者之间既有联系，又有区别。两者的宗旨虽然均是“以人为中心”，但是可用性目标是用户体验目标的基础，离开了这个目标，交互式产品将是无水之源。反之，如果没有达到用户体验的目标，这样的产品将会使人感到乏味。

4. 交互式产品的类型

交互式产品可以分为两类：一类是情感类产品，这类产品具有强烈的诱惑力，并能传达情感以引起人们的购买欲望，如鹦鹉开罐器、猫碗、意大利阿莱西公司生产的一系列产品，使得用户在使用过程中能感受到超越物质之外的信息交互；另一类是具有双向交流功能的产品，这类产品追求更高层次的双向的人与物之间的情感交流，设计师充分利用人工智能等现代技术，给现代产品注入“生命”，将使用产品升华为交互体验。如索尼公司的 AIBO 机器狗，丰田与索尼共同开发的 POD 概念车，德国凯驰的家用清洁机器人（图 4-29），苹果公司的 iPhone 等在各自领域都展现出极其出色的情感交互特点。

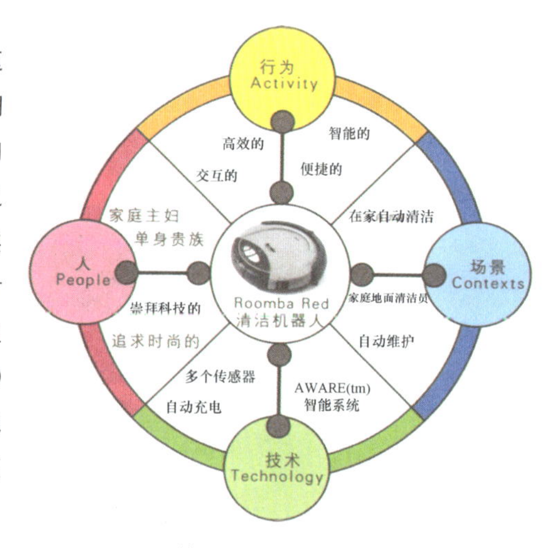

图 4-29 德国凯驰的家用清洁机器人呈现的交互特点图解

一般来说，现在常用的交互方式有以下几种：

（1）动作交互。动作交互是应用最早的交互方式，从早期的打字机键盘、遥控器按钮依靠手指点击，到现在的智能手机、平板电脑，都是记录手指的手势完成的动作交互。如图 4-30 所示，Xbox360 体感游戏机，可以识别人的动作及表情变化，是对以往单纯以触摸操控的动作交互的新突破。再如，火遍大江南北的微信“摇一摇”加好友，用户只要通过摇动手机，就能完成查找同时摇动手机用户的任务，摇动手机俨然成为一道风景线。创新的交互方式，使微信迅速获得了海量的用户群体。

图 4-30 Xbox360 体感游戏机

（2）语音交互。语音交互是近年来快速发展的新型交互方式。在语音交互的产品中，人们可以与产品进行自然语言的交流，产品不再是一个冰冷的物体，产品更加拟人化，能够与人进行平等对话，消除了技术与人们之间的距离感，更能激发人们使用产品的兴趣。如图 4-31 所示，语音交互的典型代表是 iPhone 中的 Siri，当用户对 Siri 说“drunk”后，Siri 会自动判断用户喝醉酒了，Siri 会提出帮忙叫出租车。

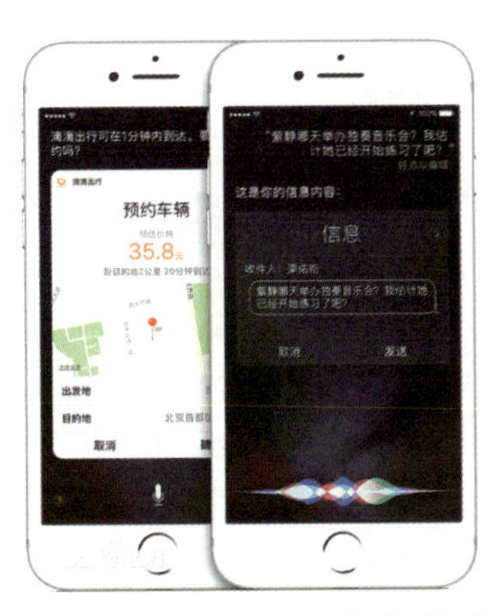

图 4-31　苹果手机语音助手 Siri

（3）视觉交互。视觉交互，指的是让产品能够根据人的视线移动去理解命令，并执行相应动作即用特殊摄像头通过记录人眼红外线的变化数据，追踪视线的运动过程，以实现人眼盯住屏幕上的拍照按钮一秒钟后，即可启动拍照功能。视线从屏幕的右下角滑到左上角，就能实现翻页的操作。图 4-32 所示为应用视觉交互的产品代表谷歌眼镜，这是一款充满科幻色彩的高科技眼镜，不仅通过智能语音交互功能，解放了用户的双手，而且其虚拟显示屏为用户带来了前所未有的视觉体验。

（4）虚拟现实交互。虚拟现实交互是利用计算机技术对现实世界的模拟形成虚拟的 3D 世界。如图 4-33 所示，在这个虚拟的三维世界里，用户可以体验逼真的抓取虚拟物体、移动虚拟物体的感觉，甚至物体的质量都能被逼真地模拟出来。

图 4-32　谷歌眼镜

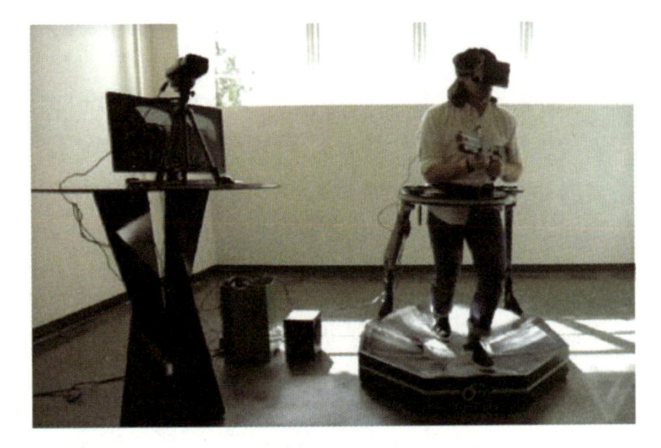

图 4-33　虚拟现实交互技术使用现场

5. 情感化交互的设计方法

好的交互关注功能，优秀的交互关注情感。要让交互设计具有情感功能，就得让产品与人们产生情感关联，这样，才能让用户产生愉悦、畅快、激情等情感。

当人们设计一个产品时，要用到各种各样的设计元素，如造型语言、色彩搭配、材质表现等，采用不同的方式将这些元素组合在一起，人们也就需要投入不同的情感来理解这些组合，由此，产品与人们的情感交互就产生了。

从本质上来讲，交互设计是对用户行为的一种设计，情感化的交互能够由内而外地影响用户的行为，这种影响是潜移默化的。做情感化的交互，就要将用户当成一个喜怒无常的人，因为这样才符合人的非理性的本性。情感是被理性所压抑的东西，要突破理性而做情感化的交互，需要对用户投入更多的关怀。

实践中，通常采用明喻或隐喻的设计手法，这种方法是将位于用户不熟悉认知领域的产品概念转化到用户熟悉的认知领域，并经由联想，使用户能够自然地理解产品。具体来说，产品交互设计的方法可以分为以下四种：

（1）概念明喻。概念明喻设计方法是指将产品设计元素直接用人们生活中所熟知的事物来表现的设计方法。需要特别指出的是，明喻的本体和喻体必须具有相似性、一致性，能够产生自然的特征匹配，最好是采用大多数人认同的同等概念。概念明喻的设计方法，能够让用户清楚地知道“产品是什么”，清楚产品提供的功能，主要通过产品形态、颜色、材质等来体现。图 4-34 所示为 Paper 开发的 Pencil 触控笔，其将实际生活中铅笔的特征提取出来，将其概念映射到触控笔的设计概念上，以核桃木的铅笔形象来做触控笔的具体表征。用户在看到 Pencil 的时候，自然会理解产品的使用方法。

图 4-34　Paper 开发的 Pencil 触控笔

（2）行为隐喻。行为隐喻设计方法是指根据用户的使用行为模式，对产品的使用行为的外在形式进行设计的方法。随着产品功能的持续增多，产品的使用方式往往超出用户的认知范围。此时，如果将用户的行为经验隐喻到新的产品操作方式上，形成行为隐喻，用户就会更容易使用产品。

iPhone 手机就是行为隐喻的典范，在用户第一次使用时，就能流畅自如地完成各种任务。据调查，4 岁的孩子即可在没有任何操作说明的情况下，成功解锁手机，因为在玻璃上滑动手指，是人类的自然行为。

（3）功能明喻。功能明喻设计方法是指将产品的功能与用户日常生活中的经验相结合，运用相同功能的日常用品来明喻产品的功能。运用功能明喻设计方法的要点之一就是需要选用识别度高的喻体，识别度高的喻体让用户能够轻易地理解其中蕴含的功能含义，提高产品的交互效率。图 4-35 所示为九阳电压力锅的功能明喻设计，其将米

图 4-35　九阳电压力锅的功能明喻设计

饭、熬粥、排骨、牛羊肉以不同的图形载体来呈现，用户对这些载体所代表的功能一目了然，丰富了用户的使用体验。

（4）结构隐喻。结构隐喻设计方法是指将产品的功能重新进行解构，组合成满足用户需求和产品预想的设计方法。结构隐喻的设计方法比前面三种设计方法更宏观一些，它是将产品的所有功能重新梳理，找出最符合用户需求的功能，并将它们重新排列、组合，构建出更符合用户认知习惯的产品形式。如图 4-36 所示，Metro 风格的 Windows 8 开始菜单的界面设计，整个界面可以左右滑动，将启动项按功能重新分组，用户可以先定位大的功能区块，然后在功能区块中快速查找所需的功能。

图 4-36　Metro 风格的 Windows 8 开始菜单的界面设计

以上四种产品交互设计方法的重点在于本体与喻体的特征匹配，即产品设计元素与用户生活经验的特征匹配。在这个过程中，如何找到合理的喻体并进行创意，是能否设计出用户易于理解的交互式产品的关键。

6. 产品交互设计的步骤

产品交互设计不同于以往工业设计只关注功能、结构、形态、色彩等设计要素的间接影响最终用户的设计方法，其更加关注用户与产品的交互行为以及支持这种交互行为的双方的信息交流方式和情感因素等，是直接影响最终用户的设计方法。

结合交互设计的产品设计工作应该开始于产品功能需求的确定，以满足用户期望、提升用户体验为核心，合理运用交互设计思想，达到设计具有情感化交互的产品的目标。这个工作流程可以分为以下几个步骤：

（1）明确需求。明确需求阶段要求设计人员要通过市场调查、用户访谈、焦点小组等方法调查目标用户的需求、期望、行为习惯，建立典型用户模型，确立产品特点。

（2）概念设计。概念设计阶段是在需求明确以后，有针对性地做解决方案预设，这个阶段一般会从不同角度做多种概念设计方案，然后择优进入下一阶段。

（3）原型设计。原型设计是在选定的概念设计基础上，进行外观、结构、软件界面等的实体产品原型的设计。这一阶段的工作成果要求能交由测试工程师进行下一阶段的可用性测试。

（4）可用性测试。可用性测试是对上一阶段完成的产品原型的测试工作，主要从产品功能、产品易用性等方面进行实际使用测试，并出具详细的产品测试报告。

（5）设计释放。产品经过可用性测试后，进行改进优化，能够达到设计目标后即可做小批量生产。小批量生产的产品稳定无问题后，即可进行设计释放，进行批量生产。

确定了产品交互设计的步骤之后，很容易发现，要保证产品的交互性的关键步骤在于概念设计和原型设计这两个阶段。

二、行业需求与发展前景

基于交互设计的理论基础，结合互联网技术，在行业需求方面主要集中在以下几个方面。

1. UI 用户界面设计

UI 是 User Interface（用户界面）的简称。从广义上来讲，UI 界面是人与机器进行交互的操作平台，即用户与机器相互传递信息的媒介，实际上就是人和机器之间的界面。以车为例子，方向盘、仪表盘等都属于用户界面。界面设计的内容包括图形、文字、色彩、编排，还包括研究用户与界面之间的交互关系。界面设计需要定位使用者、使用环境和使用方式。UI 设计从工作内容上来说分为以下三个方向。

（1）研究界面——图形设计师。国内目前大部分 UI 工作者都是从事这个行业，也有人称之为美工，但实际上其不是单纯意义上的美术工人，而是软件产品的外形设计师。这些设计师大多是美术院校毕业的，其中大部分有美术设计教育背景，例如工业外形设计、装潢设计、信息多媒体设计等。

（2）研究人与界面的关系——交互设计师。在图形界面产生之前，UI 设计师就是指交互设计师。交互设计师的工作内容就是设计软件的操作流程、树状结构、软件的结构与操作规范等。一个软件产品在编码之前需要做的就是交互设计，并且确立交互模型、交互规范。

（3）研究人——用户测试、研究工程师。任何产品为了保证质量都需要测试，软件的编码需要测试，UI 设计也需要被测试。这个测试和编码没有任何关系，主要是测试交互设计的合理性以及图形设计的美观性。测试方法一般都是采用焦点小组，用目标用户问卷的形式来衡量 UI 设计的合理性。这个职位很重要，如果没有这个职位，UI 设计的好坏只能凭借设计师的经验或者领导的审美来评判，就会给企业带来严重的风险性。

综上所述，UI 设计师就是指软件图形设计师、交互设计师和用户研究工程师。

2. UE/UX 用户体验设计

UE or UX 是 User Experience（用户体验）的简称，用户体验设计（也可称为 UXD、UED、XD），是指通过提高产品的可用性、易用性以及人与产品交互过程中的愉悦程度，从而来提高用户满意度的过程。用户体验设计包括传统的人机交互（HCI），并且延伸到解决所有与用户感受相关的问题，关注用户使用前、使用过程中、使用后的整体感受，包括行为、情感、成就等各个方面。

互联网企业中，一般将视觉界面设计、交互设计和前端设计都归为用户体验设计。但实际上，用户体验设计贯穿于整个产品设计流程。一名优秀的用户体验设计师（UED），实际上需要对界面、交互和实现技术都有深入理解。国内的 UED 是阿里巴巴集团最新提出的称呼，也有一些其他企业将这个职业称为 CDC、CDU 等。用户体验设计师需要通过线框图或者原型设计来理清整个产品的“逻辑”。沟通是用户体验设计师必须要掌握的另一项重要技能，在项目开工前，需要进行调研、竞品分析；项目上线以后对产品进行 A/B testing。用户体验设计师主要关心产品给用户带来的整体感受，如果用户觉得产品难用，他们就会选择其他的替代品；如果用户体验好，他们就有可能告知身边的朋友产品很棒。

3. 全链路设计岗位将取代服务设计岗位

互联网设计师的岗位名称和职责在不断发生变化。在互联网早期，生存问题是企业要解决的首要问题，对设计师的需求更多在于“能用”。而一个新兴行业在早期并没有多少的人才号召力，科班设计师所向往的企业多是4A广告公司，专业从业者非常有限，这就决定了互联网设计师需要承担全部类型的设计工作。之后随着工作细分领域增多，互联网设计师就被拆出UI、ID、MD等五花八门的岗位。随着行业拆分，设计师常常会出现这样的困惑：当将一个图标画得完美、能把页面跳转逻辑理顺时，我们解决了产品的什么问题？是哪个层次的问题？这对于项目来说到底起了多大作用？可见，此时设计师的价值不是自认的美学价值、体验价值，而是企业眼中的商业价值。企业中开始有整合设计的声音浮起。

“全链路”是一个新名词，阿里巴巴设计师讨论指出，所谓“全链路”设计是一种关注产品全流程场景的设计思维，并非一个新的设计岗位名称。阿里巴巴的商业链路长、设计场景多，所以“全链路”是一个符合阿里巴巴商业诉求的设计要求。但实际上，只要是设计师都应当具备“全链路”的设计思维。2017年，阿里巴巴岗位招聘提出将取消对UI/交互岗位的招聘，取代以“全链路”设计，这一方面反映了企业对设计岗位的日趋重视，设计师有机会、有理由做得更多，对外创造更多商业价值，对内提升自身竞争力；另一方面也给设计师的未来指出了明确方向。

最优秀的设计是融合了商业形态、用户形态、根据产品的外在环境和自身资源的内在环境做出最适合设计。这也是“全链路”设计提法的主旨。

第五节 虚拟化产品设计

随着以信息技术为主导的现代科学技术的迅速发展，传统的制造业正在发生重大转变，产品设计也发展到了一个新的阶段，一种新的技术——虚拟设计技术逐渐开始进入设计领域。例如，科学可视化与生物医学工程VR系统利用虚拟设计技术在国内首次针对典型手术开发成功的虚拟医疗系统，它们可以对各种各样的病例进行演练，甚至可以根据某个病人的特点而形成的真实计算机三维人体模型进行演练，为医生给病人进行成功的手术创造了可能；模拟驾驶仿真训练系统集计算机技术、虚拟现实技术、自动化技术、多媒体技术为一体，使学员从视觉、听觉和操作感觉上都能体会到与操纵真车一样的感觉，这些虚拟设计技术正逐渐发展成熟。

一、虚拟设计的概念

虚拟设计是以虚拟现实技术为基础，借助以机械产品为对象的设计手段，通过多种传感器与多维的信息环境进行自然地交互，从定性和定量综合集成环境中得到感性和理性的认识，从而帮助深化概念和萌发新意，即通过计算机创建一种虚拟环境，并通过视觉、听觉、触觉、味觉、嗅觉等多种传感设备的作用，使用户产生身临其境的感觉，并可实现用户与该环境的直接交互。虚拟技术以视觉形式反映了设计者的思想，如设计一个产品，设计师首先要做的就是对产品的外观、结构做细致的构思，然后通过绘制许多草图和工程图来表现设计师的思想，但是由于这都是一些专业化的程序，因此还必须制作出模型来与使用者进行沟通交流。而引入虚拟技术后，可以把这种构思变成看得见的虚拟物体和环境，使以往只能借助模型来交流的产品处于一种虚拟环境中，使用者可以自由与之沟通。

20 世纪 90 年代以前的产品设计师主要通过手绘方式表达产品，这使得设计师的设计思想产生一定的局限性，同时无法很好地同别的设计师及时进行交流；20 世纪 90 年代后的产品设计以计算机辅助设计为主要手段，设计师利用计算机辅助绘画取代了传统的绘图，不仅节省了时间，提高了效率，而且便于设计师之间进行交流；然而，以上两个年代设计途径的主角还停留在设计师身上，而忽略了设计的真正意图，即为使用者服务。如何更好地为使用者服务呢？这就需要使用者真正参与到设计中去，用自己的切身体会来感知产品。虚拟技术的介入可以完全解决这个问题，它不需要制作实物模型，而是通过让使用者在某个虚拟环境中的切身感受来做各方面的测试改进，直接让使用者评价产品，通过这种方法可以使设计师与使用者直接进行交流，从而取得产品设计的一次性成功。

二、虚拟现实设计的实现方式

根据虚拟设计技术的发展来看，现实的虚拟设计方式通常采用两种设计方式，一种是异地网络互动设计方式，另一种是基于虚拟现实系统的互动设计方式。

在异地网络互动设计方式中主要运用先进的网络、通信技术及其他计算机技术实现设计团队在地理分布的设计环境中进行产品设计，图 4-37 所示为异地网络互动虚拟设计方式。在网络环境中进行互动交流设计，可以在网络空间中开研讨会对产品进行分析讨论，对开发结果进行测评等，这样不仅可以提高设计的速度和效率，还可以为公司减少开支，有利于公司营利。

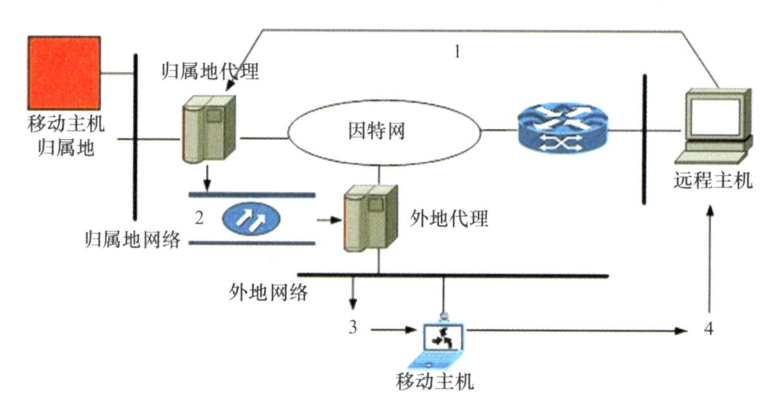

图 4-37 异地网络互动虚拟设计方式

在基于虚拟现实系统的虚拟环境设计即使用者可以在虚拟环境中进行设计活动，这种设计活动不仅是在二维环境中进行建模设计，而且是直接进行三维设计，并在虚拟环境中感受产品。虚拟现实系统是用计算机产生的一个三维环境，使用者通过使用各种传感交互设备在虚拟环境中自由感知产品，就像现实生活中的环境一样，可以用触觉、听觉、视觉充分感受产品。现在计算机技术的发展为虚拟技术的应用提供了软硬件的强有力支持，三维声音系统的推出已在听觉方面向模拟真实声场迈进了一步，其逼真度比以往的立体声系统提高了许多，双向数据手套已从实验室走向市场，另外，成像系统和视觉系统也有了很大的改善，这些软硬件设备被引入虚拟现实系统后，使用者就可以使用各种交互设备自由地与产品进行交流互动。虚拟现实系统常用设备有：三维鼠标（也称鸟标）、数据手套、头盔显示器、立体声耳机等，如图 4-38 所示。图 4-39 所示为汽车 VR 虚拟驾驶展示，即汽车驾驶仿真，是利用现代高科技手段，如三维图像即时生成技术、汽车动力学仿真物理系统、大视野显示技术、六自由度运动平台等，让体验者在一个虚拟的驾驶环境中，感受到接近真实效果的视觉、听觉和体感的汽车驾驶体验。它能够真实模拟汽车驾驶的路景和汽车行驶特性，并能在主要性能上获得同实车驾驶同样的效果。

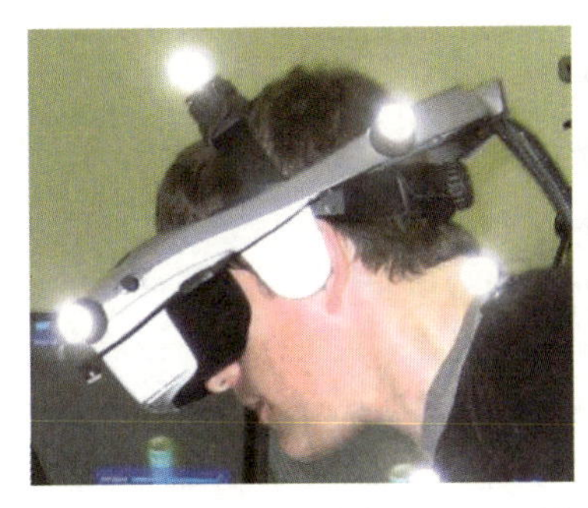

图 4-38　可穿戴行走虚拟现实系统

图 4-39　汽车 VR 虚拟驾驶展示

三、虚拟技术产品设计的优势及发展

1. 提高设计效率

应用虚拟现实技术，将设计思维、设计方法、设计过程和设计成果这一顺序打乱，设计者通过建模，可以提前获得设计成果，再根据设计成果进行设计思维和设计过程的调整。例如，在环境艺术设计中，传统的做法是前期调研、设定设计目标，再通过纸质或者 CAD 等进行平面、3D 屏幕展示。而利用虚拟现实技术，通过与环境的结合，可直接呈现设计结果。如城市环境中文化广场的设计，可以融入城市其他元素，将广场设计完整形态与周边环境融入，与城市整体风格搭配，通过融入式实景和声音进行展示。同时，在虚拟现实技术下，产品设计实现了人机交互的无障碍交流，对设计作品的优化和检验能够提前进行，避免了在广场建完后的再次环境评价，将问题提前解决，使设计更具效率。

2. 设计更具个性化

在传统设计中，单纯美学设计依靠设计师的天赋和对艺术设计的理解，限制了许多设计元素与时代的结合，现代设计风格同质化严重，很难突出个性化和时代性。而随着虚拟现实技术的应用，各种设计元素可以大胆参与到设计中，并且能够直观地展示出来，设计效果是否具备个性化，是否与设计师的初衷一致等，都可以利用虚拟现实技术获取答案。以室内艺术设计为例，设计师可以将中西方元素混搭进行个性化设计，并且能够进入虚拟房间内观察设计风格和细节；使用者也可以进入虚拟环境进行体验，提出设计想法，随时进行设计改动。

3. 能够为设计提供更多灵感

在设计领域，除了要有审美特征之外，功能性也不可忽视。虚拟现实技术能将设计思路和设计信息进行处理，为设计者提供计算机运算后的结果，这样天马行空的尝试能够为设计者提供更多的思路和灵感。以包装设计为例，包装图案、文字的审美价值能够直观阅读，而包装形式可以动手体验，以真实的感触进行再创造，可以设计出别出心裁的打开方式。这样的过程在设计中会应用得越来越广泛，设计形式也会越来越多。

4. 重视人的主体性

虚拟现实技术固然能够为设计带来划时代的创新，但其终究是工具，是设计的手段，不能取代设计本身。设计初衷、设计灵感还是需要人来把控，所以人的主体性是在信息时代下需要格外重视的问题。不能让人成为技术的奴隶，否则设计创造力和主观能动性将退化。

目前虚拟技术才刚刚起步，但它已经取得了可喜的进步。例如，波音 777 飞机的设计制造过程就是一个较为成功的范例，它利用虚拟现实技术进行各种条件下的模拟试飞，工程师们在工作站上实时采集和处理数据并及时解决设计问题。使得最终制造出来的波音 777 飞机与设计方案误差小于 0.001 英寸（1 英寸 = 0.0254 米），保证了机身和机翼一次对接成功和飞机一次上天成功，整个设计制造周期从 8 年缩短到 5 年，如图 4-40 所示。美国福特汽车公司采用网络并行设计技术制造的新型 SS1 型赛车从开始设计到上道测试仅用了 9 个月时间，产品设计师运用虚拟现实软件可以看到虚拟汽车车门及发动机罩的铰接，可以设想在驾驶室的座位上来解决人机工程和视野问题。同时，动力系统的工程师借助更换一个虚拟机油滤清器来模拟发动机的维护。如图 4-41 所示，日本松下公司开发的虚拟厨房设备制造系统可以允许消费者在购买商品前，在虚拟的厨房环境中体验不同设备的功能，按自己的喜好评价、选择和重组这些设备，这些信息被存储并通过网络送至生产部门进行生产等。

图 4-40 波音 777 客机

图 4-41 松下公司的虚拟厨房设备制造系统

各个国家已经开始认识到虚拟技术的巨大潜力并逐步开始大力发展虚拟技术。美国已经在虚拟制造的环境和虚拟现实技术、信息系统、仿真和控制、虚拟企业等方面进行了系统的研究和开发，多数单元技术已经进入实验和完善的阶段；欧洲以大学为中心也纷纷开展了虚拟制造技术研究，如虚拟车间、建模与仿真工程等的研究；我国在虚拟制造技术方面的研究只是刚刚起步，其研究多数是在原先的 CAD/CAE/CAM 和仿真技术等基础上进行的，目前主要集中在虚拟技术的理论研究和实施技术准备阶段，系统的研究尚处于对国外虚拟制造技术的消化和与国内环境的结合上。

目前，虚拟设计技术在产品方面还具有很大的发展空间，但由于计算机等硬件设备问题的原因，其还不能得到充分的应用。但是展望未来，它将是一种崭新的设计方式，利用虚拟设计技术将使产品设计发展到一个全新的领域。

总而言之，在虚拟现实技术下的设计，不论是从设计思维还是设计形式都发生了变化，沉浸感、互动性、真实性等为设计提供了追求至臻的可能。当然，虚拟现实技术是为设计服务的工具，设计的主体仍是人，不可本末倒置。同时，虚拟现实技术在设计领域的应用尚处于探索和发展阶段，设计中更多的分支对如何应用这一新技术还在摸索。但不可否认的是，应用虚拟现实技术进行设计是大势所趋，更是设计发展变革的推动力。

CHAPTER FIVE

第五章 优秀产品设计案例赏析

一、工具类

生存需求决定物的初始形象，功能是人类造物的基本需求。图 5-1 所示为南非北开普省的卡图考古遗址发掘出的早期石器时代的器具，其制作方法只是在原石的基础上敲打出方便敲、砸、刮、割等生存需要的形状。在世界各地发掘整理的原始器物在形制上基本类似。形态的产生和延续反映了人类本能的功能需求和造物智慧的潜在力量，引领着人类的智力、审美不断发展与延续。

芬兰菲斯卡（Fiskars）是世界著名的专业刀具设计品牌之一，公司主要生产修剪剪刀、斧头以及园林修剪工具。如图 5-2 所示，Fiskars X Range Axes 斧头从人机工程学、力学、材料学、美学等多个角度进行设计，制作精良，比例、质量分配合理。斧头手把的长度和手感经过考量，手柄的橘黄色具有极强的识别性，防振功能的设计改善了操作中把握动作的舒适度。斧头的刀角略带弧度，砍伐中不会卡在木头里，柄尾呈挂钩形，防止操作中因手的滑动而产生意外事故。斧锋坚固锋利，提高了工作效率。作为常用工具，这把斧头通过设计改善了劳动者的操作不适，提升了劳动者的安全感和价值感。

图 5-1　早期石器器具

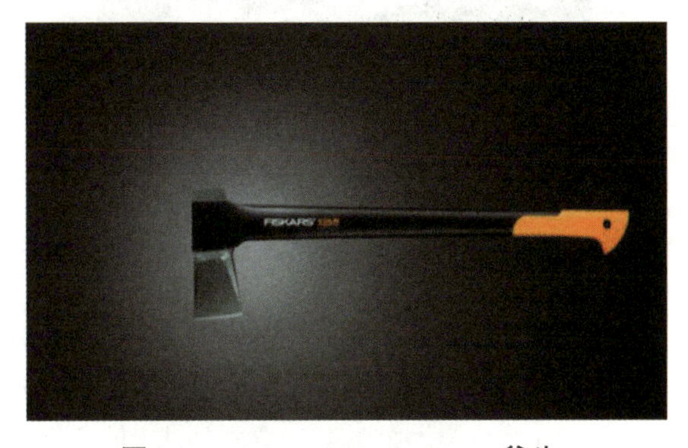

图 5-2　Fiskars X Range Axes 斧头

如图 5-3 所示，巴西设计工作室 Monkiy’s Design 的创始人及设计师 Klivisson Campelo 推出的“IP Knife”厨房用刀看似没有把手，但其雕塑般的气质充满着迷人的魅力。这把刀在造型设计上以石器时代打制工具为灵感，既具有棱角分明、理性睿智的现代美感，也具有天然雕饰、随性自然的原始特征，凌厉尖锐的刀锋满足了功能要求，整体形态简明干净，将产品设计的功能性、审美性与艺术性有机融合，唤醒了人类原始的审美体验，体现了几何审美认知的传承性。

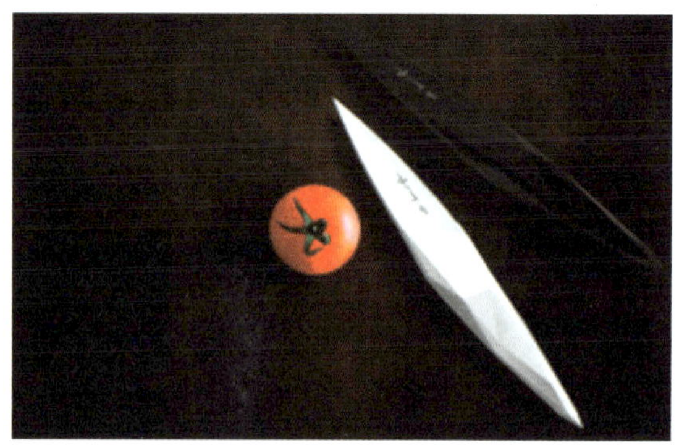

图 5-3 “IP Knife”厨房用刀

图 5-4 所示为以色列特拉维夫设计工作室设计的石器工具，其通过三维扫描和 3D 打印技术不仅再现了原始工具的形态，还让具有现代设计特质的把手与不规则的石器形态完美契合，拉进了现代使用者与远古生活的距离，这样的再现让人类更坚定了物在某方面所存在的精神价值。同时，也更加清楚地认识到科技进步对工具形态与功能实现的重要意义，人类生活因为物的进步而不断发生改变。

图 5-5 所示为造型简洁、设计细腻的旋转削皮器，其把手部分拇指施压处的圆弧与悬挂孔的圆形及把手顶端的圆弧在形态上具有统一性，使产品形态趋于完整。圆柱形的手柄设计舒适且通用，拇指施压处弹性的设计既具有行为引导性，也具有防滑性，增加了操作过程中的舒适感，使重复的削皮动作更加轻松，提高了工作效率。锋利的不锈钢刀刃，实现了只削除果皮，而不会损伤果肉的功能，刀刃顶部带有挖除功能，方便去除红薯、马铃薯等蔬菜芽眼部分的残皮。

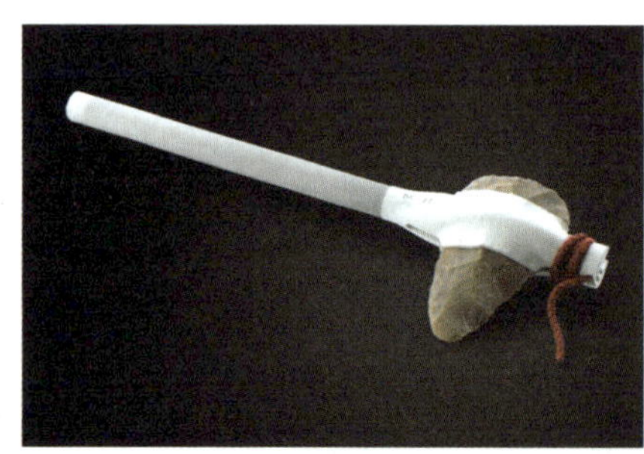

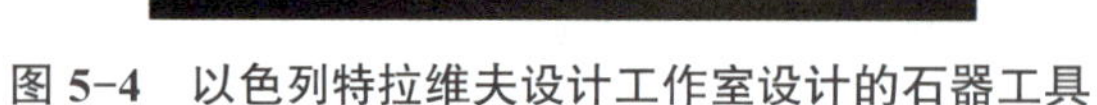

图 5-4 以色列特拉维夫设计工作室设计的石器工具

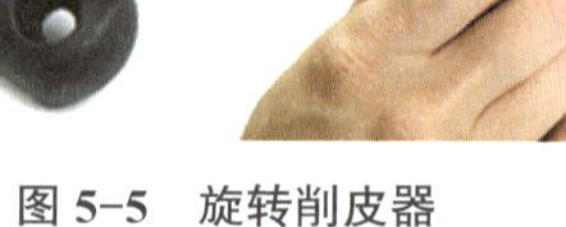

图 5-5 旋转削皮器

产品通过技术与设计的结合为更多人提供服务。谷歌（Google）旗下公司 Lif Tware 推出的防抖电动勺为手部机能障碍者良好进食而设计，以解决帕金森病患者及其他神经退行性疾病患者因双手震颤而发生食物撒溅，甚至无法独立进食的问题，如图 5-6 所示。使用中餐勺通过一根绑带固定在使用者手上，防止勺子脱落。电子动作稳定技术让餐勺可探测记录手部频率，自动调整稳定角度，进而从行为上缓解了使用者及家人的心理压力。圆形的把手设计实现了握的功能，灰白两色传达出干净、安全的信息。其通过设计与科技的结合，让产品在使用者心中更值得信赖和依赖。

詹姆斯·戴森（James Dyson）是戴森公司的创始人，他曾通过五年时间研制双气旋真空吸尘器，以解决集尘袋塞满脏东西堵住进气孔、切断吸力的问题。凭借设计上的不断创新和突破，戴森公司现已推出无叶风扇、吹风机、吸尘机器人等极具品质的产品。如图 5-7 所示的圆筒吸尘器，其在功能上，通过不同吸头的更换，实现了从屋顶到地面的全面清洁，同时无须清洁维护，无须替换集尘袋或滤网，数码马达的应用更有助于吸附微尘和过敏源，密封的设计与高效的旋转速度使排出的空气更加清新自然。戴森公司的产品在功能上精益求精，在色彩的选择、材质的应用、形态的统一性等方面力求完美。戴森公司是一家可以静下心来进行发明与革新的公司，其在技术与设计上的投入值得设计师的思考和学习。

图 5-6　Lif Tware 公司设计的防抖电动勺

图 5-7　戴森公司设计的真空吸尘器

凌美（LAMY）是成立于 1930 年的德国钢笔生产商，其通过与康斯坦丁·格里克（Konstantin Grcic）、深泽直人（Naoto Fukasawa）等设计师的合作实现设计突破。如图 5-8 所示，此款焦点（dialog 3）由瑞士设计师 Franco Clivio 历经九年时间完成，特色在于将钟表的机械设计原理运用到钢笔的制造工艺中，实现了墨水笔旋转出笔的无盖设计。钢笔的外观形态精致极简，圆滑的笔夹设计，避免了衣物的损坏。笔夹与握笔的部分巧妙结合，使握笔的行为更舒适。手工打磨的笔尖保证了书写的顺滑与流畅。设计师 Franco Clivio 在生活中是一位日常无名设计的执着收藏者，其将多达千余种的收藏产品按功能、类别、材质、外形区分摆列。焦点（dialog 3）朴实无华的气质美与设计师的生活兴趣有着密切的关系。

经济需求是市场运行的动力，在宏观的产品设计体系中，不仅包括功能与外观的设计，还包括营销模式、盈利模式的设计。成立于 1901 年的吉列公司的创始人坎普·吉列（King C. Gillette）是第一个将刮胡刀拆分成刀架和刀片的人，消耗性的刀片成为当时吉列产品盈利的主要来源，刀架甚至可以按低于成本的价格销售，如图 5-9 所示。这样的拆分设计模式还普遍应用在打印机与墨盒、订书机与订针中。在一些消耗类产品的设计中拆分成为产品设计可探讨的方法之一。

图 5-8　凌美焦点（dialog 3）钢笔

图 5-9　吉列刮胡刀

如图 5-10 所示，砂光工艺制成的炒菜铲，是一件以不锈钢为材质的普通生活用品，手柄处采用与拇指掌纹契合的凹陷型设计，方便持握，中空的手柄可起到隔热防烫的作用。铲子边角打磨精细，不会对手造成划伤，圆弧的形状与锅具紧密贴合，方便使用。其最大的特点在于一体成型工艺使其全无死角，易于清洗，不留污垢。无组件的设计避免了因使用频繁、组件连接不稳出现的晃动、分离等问题，使得看似朴素的设计不仅得心应手，而且可以经久流年。在多数生活用品中对功能性的要求更高，耐用、好用的产品更符合百姓需要。尽管这和商业环境的废止往复模式相矛盾，但是真正好的产品会在环保、情感、情绪、时间等方面进行考量。

图 5-10　炒菜铲

二、家居类

杭州品物流形产品设计有限公司于 2005 年在杭州创立，其主要从事产品设计、品牌规划与空间设计。创始人张雷目前是中国第一个传统材料图书馆的创立者，图书馆里收录了来自几百个作坊的上千种材料，然而，图书馆并不是一个个手工艺的集成，而是由手工艺开始，为当代设计提供创新原动力的资源库，进而创造出了新的生活方式和设计形式。如图 5-11 所示，公司的设计作品名为“无”的灯和名为“飘”的椅以余杭纸伞为灵感，通过手艺人与设计师的共同努力赋予柔弱的纸木质般的牢固，并在造型上产生现代的美感，如果不去追本溯源，观者不会看到纸伞的灵感痕迹和设计方法。随着我国本土设计文化思想的滋长和设计力量的壮大，越来越多人意识到传统手艺才是我国现代设计的源头，但用怎样的方式衍生延续出符合时宜的产品需要设计师不断思考和付出行动。

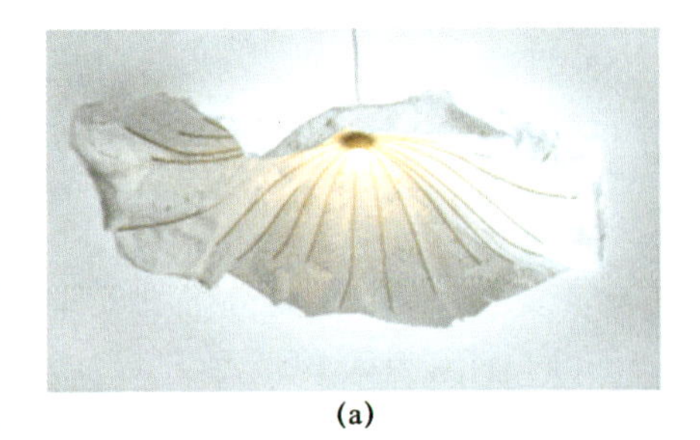

(a)

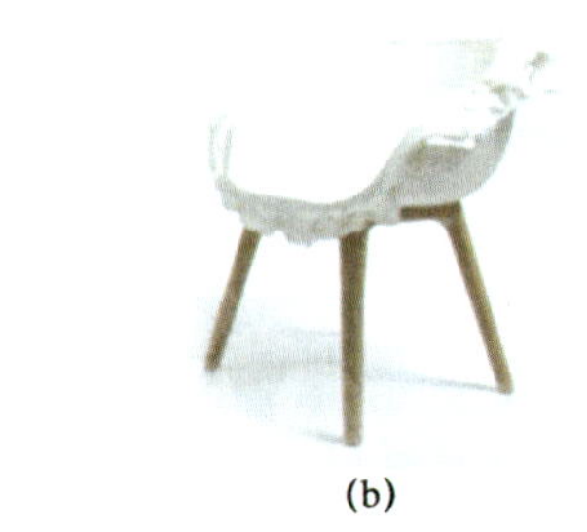

(b)

图 5-11　品物流形产品设计公司以余杭纸伞为灵感设计的产品

梵几家具成立于 2010 年，其产品以传统榫卯工艺为基础，运用现代设计审美手段，风格简约而富有禅意，能较好地融入家居环境，如图 5-12 所示。其销售模式除了线上外，主要以梵几客厅的实体形式进行展示，在实体展示中最为吸引人的是其所营造的自然家的氛围，给人身临其境的亲切感，较好地展示出品牌对家的认识和理解，易使消费者产生家居环境布置的灵感及对美好生活的向往。现今越来越多的人对小众设计品牌情有独钟，这些品牌怀着对我国传统文化的敬仰，对新中式设计做着不同风格的解读与延续，传承文化符号的同时给更多人带来生活启示和影响。

如图 5-13 所示，一号椅（Chair One）是设计师康斯坦丁・格里克（Konstantin Grcic）的代表作品，诸多博物馆都有收藏，他认为家居生活用品都应该有自己的性格特点，并能够让使用者感受得到。这件作品三角结构和金属线条的运用充满工业美感和几何美感，打破了人们对传统座椅的常规认识，给观者带来独特的视觉体验和使用体验，其细节设计符合人机工程学原理，能为不同体型的人提供合理支撑。格里克曾在英国的帕纳姆学院（Parnham College）学习专业木工技艺，而后在

图 5-12　梵几家具

伦敦皇家艺术学院学习设计，其经历和丹麦家居设计师汉森·维纳（Hans Wegner）类似。产品设计作为实用性学科，实践操作对感知能力、设计能力的提升尤为关键，其过程可以更好地将材料、工艺、形态、结构等要素展现得淋漓尽致。

石大宇生于台北，是以竹为主材的“清庭”品牌创始人。如图 5-14 所示这款名为“椅君子”的椅子取自“君子比德于竹”的古语，材料上选择四五年生的竹子，取秋冬干燥之时砍伐，此时竹材水分较低，不易发霉和蛀虫，收成后再做防霉防虫处理，自然干燥一年半载后硬度增强，等待后续加工。竹材经过栽种、收成、煮、剥、晒、干燥、防蛀、防腐、编织加工、设计成型等过程方可成为竹制品，每个环节都蕴含着劳动者的智慧与汗水。此款椅子的设计顺应了竹的纤维特性，稳定的方形构成椅子的主体形态，椅背部分从方形椅面处自然延伸出来，形态完整，与椅面形态相互呼应。设计上座椅取口，椅背取尹，构成“君”字。竹片线条优雅，富有韧性，空隙处舒适通风，造型上雅致轻盈。其通过理性设计，借助竹材天然环保的特征，赋予竹制家具全新的视觉形象。

图 5-13　康斯坦丁·格里克设计的一号椅

图 5-14　清庭品牌“椅君子”

如图 5-15 所示，T-box 作为多功能家居系统，40 cm × 40 cm 的方形模块由模具一次性注塑成型，其巧妙的 T 形支架，增加了单体强度，可作为把手，方便移动。单体模块可用作矮凳、茶几、边柜，也可组合成屏风、书架、电视柜、置物架等。单体间通过 X 形连接件固定，保障组合的稳定。从设计角度，其美学价值在于形态上创新的差异化，功能上的随意感和梦幻感，满足使用者易变的体验需求。

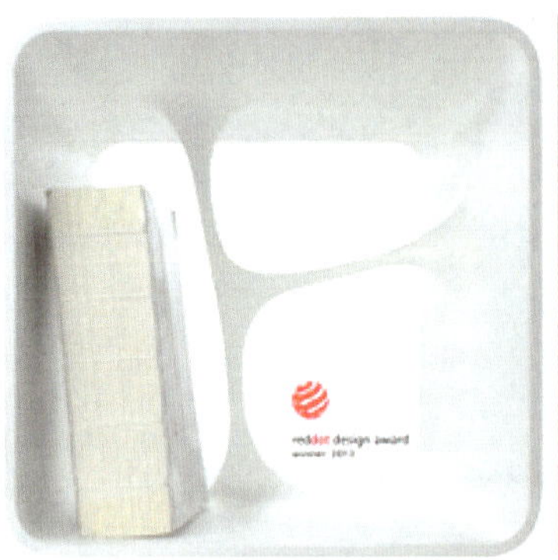

图 5-15　T-box

设计师是生活的洞察者，能够观察到生活中细微的视觉美和人性美。Nendo 是由日本设计师佐藤大（Oki Sato）于 2002 年成立的设计工作室，如图 5-16 所示，这款为伊势丹百货商店举办的“小猪存钱罐”展览而设计的存钱罐为 Nendo 的设计作品之一，浅粉的色彩符合小猪形象身体本身的颜色，亲切可爱，猪鼻子的形象作为硬币的存入口，贴合形象，功能合理。材料选用未上釉的耐火黏土，结构完整到没有任何构件，甚至把钱存进去之后，想要取出也唯有牺牲这只可爱小猪。设计师在设计过程中所注入的关于满与空、得与失、取与舍的哲学内涵，唯有使用者的亲身体验最为真切。

图 5-16　Nendo 工作室设计的小猪存钱罐

物尽其用是设计师的责任。如图 5-17 所示，意大利设计师 Lucia Bruni 的作品大多采用再生材料制作，将旧玻璃瓶经过切割、打磨、组合等方式呈现新的生命力。玻璃搭配软木提升了产品的视觉品质，造型合理巧妙，即满足了功能，也满足了审美。

图 5-17　意大利设计师 Lucia Bruni 的设计作品

将看似不相关的事物联系在一起，而创造出全新的产品，可称为“混搭”。其所带来的创意价值对于使用者来说有着无法拒绝的吸引力。尺子是用来画直线段、度量长度的工具，也是家庭中必不可少的工具之一。通常尺子上会有精确的刻度以示其准确性，但土耳其设计师 Erdem Selek 设计的名为波纹（Corrugated）的乳白色尺子却没有明确的刻度标识，而是用波纹图案代替刻度数字，因波浪造型的熟悉度而自然产生亲切感，如图 5-18 所示。这样的尺子，尽管舍弃了严苛的刻度，但是足以满足基本的日常使用需求，其朴素干净的外观形态带有平静、轻松之感，少了标准法度的约束，生活的压力感似乎也少了些。

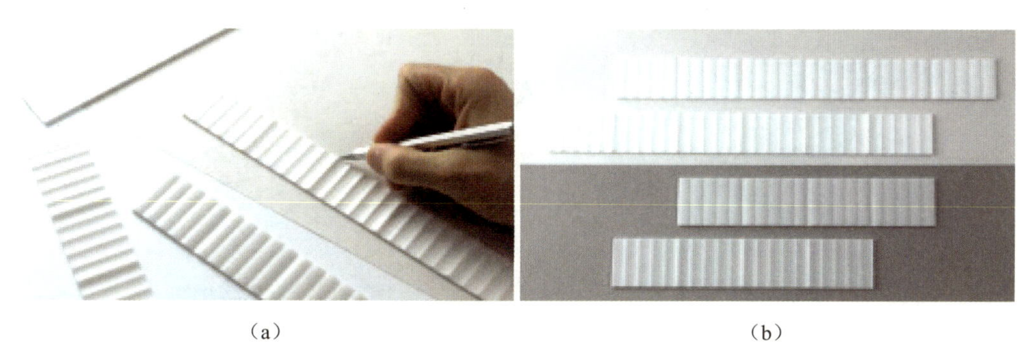

（a）　　　　（b）

图 5-18　土耳其设计师 Erdem Selek 设计的波纹尺子

三、休闲娱乐类

饮料瓶作为生活中随处可见的物品，瓶盖自然也随其一起丢掉。兰州理工大学学生赵胜鹏设计的积木瓶盖（Building Cap）或许会改变瓶盖的命运，瓶盖上凹槽卡口的设计让人喝完后会不自觉地将瓶盖收集起来，通过上下、左右的组合，拼装成机器人、小狗等玩具，如图 5-19 所示。这款看似简单的设计是 2013 年 iF 设计奖的获奖作品。据说这款设计的初衷是为了解决贫困地区孩子玩具匮乏的问题，但其实在孩子眼里并没有城市和乡村、贫困和富有等概念，一张纸、一根树枝、一片树叶都可能是他们的宝贝玩具。同样，成年人在这样的设计里也可以找到向往的童真和美好的回忆。

图 5-19　积木瓶盖

如图 5-20 所示，丹麦品牌乐高（LEGO）积木通过对不同颜色和形状的模块进行拼插，为孩子插上了想象的翅膀，其拼插方式的稳定性对孩子良好情绪的培养也起到了良好的辅助作用。品牌创始人克里斯第森（Ole Kirk Christiansen）倡导的学习和玩耍同步的理念影响至今。乐高积木塑胶的构件通过拼插重构出形态各异、风格不同的主题和场景，让孩子在实践中尽情发挥自己的想象力和创造力，进而积蓄改变世界的动力。另外，乐高机器人（Lego Mindstorms）作为集合了可编程主机，电动马达，传感器，Lego Technic 部分（齿轮、轮轴、横梁、插销）的统称，带着 12 岁以上的小孩和大人实现了机械运动的各种可能性，受到很多人的喜爱，就像乐高“play on”（一直玩）的品牌表述一样，玩也是人类生活的必要需求，这其中所蕴藏的人类智慧同样可以在生活中得到淋漓尽致的运用和践行。

如图 5-21 所示，Brennan Clarke 以小时候在祖母家生活时，阳台上多种多样的植物和花卉的美好记忆为背景，发明了这款种子棒棒糖。棒棒糖的味道也是这些有机香草调制出来的，而且在棒棒糖里面可以看到可食用的花草碎片。吃完甜甜的棒棒糖，把小棍子插在花盆里，期待着开出美丽的花，这个过程具有治愈心灵的作用。

图 5-20 乐高积木

图 5-21 种子棒棒糖

对于拥有宠物的人来说，常希望能够更全面地了解它们。如图 5-22 所示，Play Date 是一款带高清摄像头的遥控球，圆滚滚的造型很容易引起宠物的玩乐兴趣，支持更换的外壳采用透明聚碳酸酯材料，能够承受宠物高强度的撕咬，且不会对宠物的健康造成影响。另外，手机、计算机等移动设备可让 Play Date 发出吱吱的声音，吸引宠物的注意力，帮助人与宠物更好地互动。内置的电动滚轮，可保证球体在稳定的视角下进行拍摄，内置的 160° 广角配合 500 万像素的高清摄像头保证了画面的质量。用户可通过移动设备随时记录、了解、分享家中宠物的萌态，多角度了解宠物的情绪和状态，增进与爱宠的感情。

图 5-22 Play Date 宠物遥控球

如图 5-23 所示，Rockit Log 音箱制作时采用雪松、冷杉和铁杉等树木的根部为主要材质，环保自然。设计者杰伊 · 德梅里特（Jay DeMerit）是一名美国足球运动员，曾参加过 2010 年的世界杯。在从事足球事业前，德梅里特曾学习过工业设计。该音箱的设计从造型上利用了树干的自然圆形、年轮图案和色泽纹理等特征，每一个纹理都是独一无

图 5-23 Rockit Log 音箱

二的，其简洁的造型带有让人迷恋的拙朴气质和亲切感。其使用时兼容手机、平板电脑等所有的蓝牙音频设备，连接后可直接播放音乐。超长续航的锂电池可通过 USB 接口充电，可连续播放超过 10 小时。

图 5-24 所示为韩国设计师 Yena Lee 设计的茶包，纸做的黄色蝴蝶惟妙惟肖地落在杯子的边缘，飞翔的状态创造出春意盎然、花草繁茂的自然臆想，美好的意境由此生成出来，杯里的茶品尝起来也变得更加沁人心脾。蝴蝶卡落在杯子上，尽职地与线一同牵引着茶包，静静地等待味道全数释放，喝茶的情趣自然而然也就多了几分，生活似乎也由此清闲、轻松了许多。

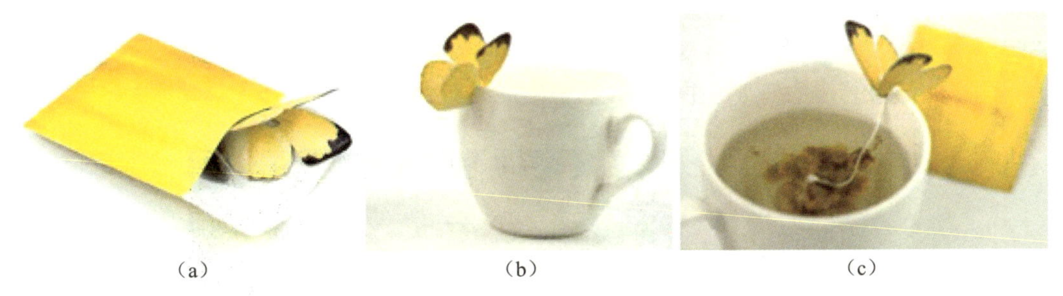

(a)　(b)　(c)

图 5-24　茶包

意大利的设计工作室 Lazzarini 以设计游艇闻名，如图 5-25 所示，这款名为“UFO 2.0”的游艇造型奇特，充满未来主义色彩，玻璃纤维的浮式结构犹如漂浮的船屋。该游艇总面积达 314 平方米，旋转直径为 20 米，奢华的装饰和奇特的外表让它看起来就像是从科幻电影中直接走出来的一样，舒适的感觉带来一种海上露营的奇妙体验。整艘游艇被隔板分成三层：中间配备了厨房、储存室和洗手间，底层是一间配备了洗手间的海景卧室，顶层是配有驾驶室的甲板。动力装置除了配备了 2 台 80 匹马力的电动机，还有 16 块储能电池来储存太阳能板、风力和水力涡轮机收集来的电力，从而为游艇提供源源不断的动力。这款游艇可以充当豪华宾馆、健身房或是漂浮餐厅。此外，它露在外面的甲板还可以被改造成花园之类的小空间或者变成一个小型的日光浴平台。

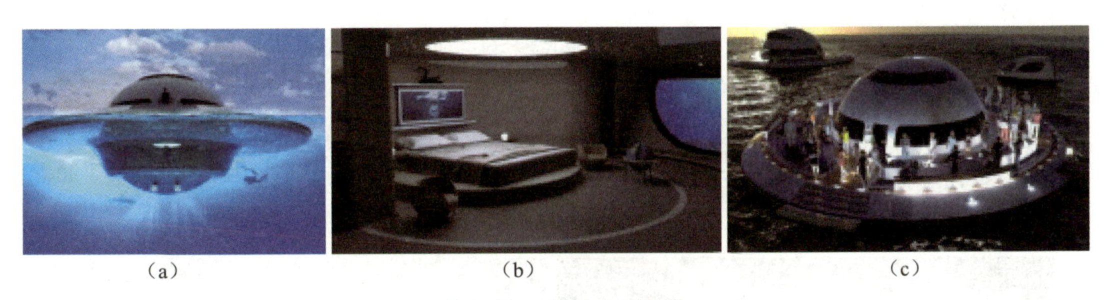

(a)　(b)　(c)

图 5-25　UFO 2.0 游艇

在室内养育一些盆栽植物是很多人的兴趣爱好，但烦恼的是忙碌的生活常常忘记给这些可爱的植物浇水。如图 5-26 所示，设计灵感源于沙漏的 sanhih 盆栽容器，利用沙漏的形态和功能，将水倒入沙漏的上层，水就会慢慢滴入盆栽，让植物时刻保持滋润，极为缓慢的滴灌方式有效避免了植物因浇水过多或过度干旱而影响生长。外观形态上，沙漏部分采用透明的玻璃材质，干净流畅，还不会影响植物对阳

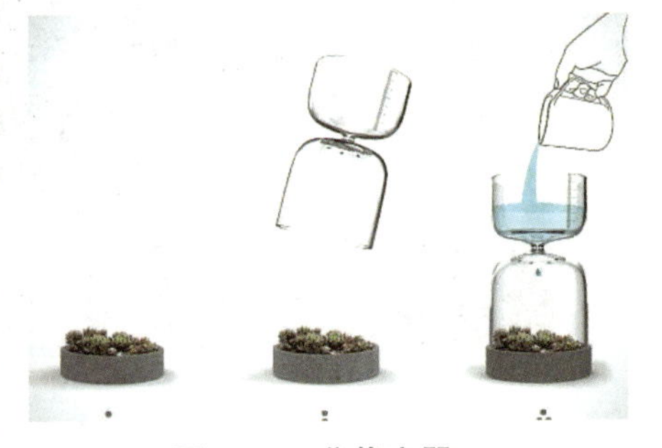

图 5-26　盆栽容器

光的吸收。沙漏中间极细的部分满足了水缓慢滴落的要求，还方便拿取，尤其是光滑的玻璃很容易滑落，沙漏的细腰可以让两根手指闭合。植物的家则由灰色的混凝土制成，整个设计简约整体，玻璃与混凝土的搭配年轻时尚、富有活力。水滴落的状态极易让人联想到时间的流逝，盆栽里的植物又让人心生对生命力量的赞叹。

来自以色列的 OTOTO 设计品牌成立于 2004 年，该公司推出的可爱的、有创意的小物件，总能带给人惊喜，激发对美好生活的热爱和向往。如图 5-27 所示，这款可以插在笔筒里的“蒲公英”，白色种子部分其实是一根根的图钉，不使用的时候将它们插回蒲公英的头部即可成为装饰品，给办公环境增加一抹自然的绿意。创意灵感源于吹一束蒲公英，就会愿望成真的传说，设计师也希望每一个图钉都能固定使用者的创意，并达成所愿。

（a）　　　　（b）

图 5-27　“蒲公英”图钉

四、生活服务类

日本产品设计师山中一宏（Kazuhiro Yamanaka）的作品常借最少的素材获得最大的效果，其作品常通过简单的面、线等元素进行设计。如图 5-28 所示，纸手电 Paper Torch 由一页带切口的纸和含电池的 LED 灯组成。纸张卷起光源被激活，纸张铺平灯光自然熄灭。这款由地震后避难所光线较差引发灵感的设计，简单实用，成本低廉，能够较好地解决震区运输困难，不便携带体型过重、过庞大的物品的困扰，更重要的是对于灾难中忐忑的心灵来说，灯光所带来的安全感远超过一切装饰。

（a）

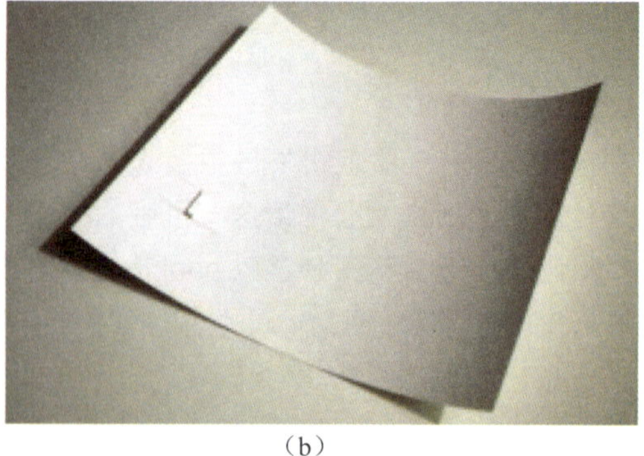

（b）

图 5-28　纸手电

设计改变着人的行为，而人的习惯同样影响着设计。如图 5-29 所示，张剑设计的名为“祈福的芽”的燃香阻燃器，是一款亲切的设计作品，两瓣金属组成的“芽”呈生长状态，使人产生生命同感。底部与香粗细一致的圆孔及两片带有磁性的叶片相互吸引，形成合理的功能设计，燃香时只需将其放置合适的位置，当香遇到金属阻隔会自然熄灭。原本掐断行为中的忌讳被巧妙的设计改变，功能需求和精神需求得以升华，燃灭的生命哲学自然蕴含其中。这或许就是深泽直人（Naoto Fukasawa）“无意识设计”的表达，即“设计并不是我所创造的，它原本就在那里，我所做的一切，只是将它呈现出来。”

图 5-29　燃香阻燃器

远程医疗可充分发挥医院的技术优势和设备优势，尤其对医疗条件较差或偏远的地区来说，远程通信、全息影像等技术帮助其实现了远距离诊断、治疗和咨询等需求，但医疗设备的缺乏无法保证数据的专业性和准确性，患者在这个过程中往往过于被动。如图 5-30 所示，以色列数字医疗设备制造商 Tyto Care 开发的手持式听诊器与智能手机配对，可让用户在获取五官、喉咙、皮肤、心脏、肺和体温等信息后，将得到的病症数据通过云端网络平台进行记录、存储和分享，寻求合理的治疗方案。同时，远程视频功能，可实现远程就诊之前提前或实时与专业医生进行交流。Tyto Care 意在以设备为媒介，通过医患数据的传输与共享，拓展医疗机构、医疗设备机构、医生群体、患者群体等多维度群体间的共生与互助。这种医疗服务模式的形成，将使更多人实现家庭医生般的生命健康保障，原有的就医模式也会发生改变。

图 5-30　手持式听诊器

云造是一家成立于 2013 年，专注于短途出行产品系统研发运营的机构，英文名 UMA 意为 urban（都市）、mobile（移动）、actor（行动者），三个英文单词的首字母，译为“都会行者”，旨在给人带来内容更为丰富、更有效率的愉悦出行体验。如图 5-31 所示，可折叠智能电动自行车云马 mini 是一款实用、美观、时尚、智能的电动自行车，设计师在车架、螺钉等细节部分仔细推敲，意图设计出轻巧灵活、时尚美观，适合城市出行的电动自行车，进而改变传统电动车笨重的形态。多彩配色可对应不同人群的个性选择，占用空间 0.2 立方米，整车质量为 14.9 千克，快速折叠 10 秒，既节省空间又节约时间，还轻便灵巧。在智能服务方面，通过车身蓝牙与手机 App 界面连接，可对车辆进行体检，检查电量、骑行数据、健康数据、社交分享等功能更为人性化，可谓是一款互联网时代下的“智行车”。

图 5-31　可折叠智能电动自行车

牙膏的形状和包装几百年来并没有什么特别的变化，管装牙膏用到最后很多人都没有耐性把最后的牙膏挤出来，尤其是对于年轻人忙碌的生活来说。即使想清空里面的牙膏，仅凭手的力量也不会那么彻底。如图 5-32 所示，设计师凯文・克拉里奇（Kevin Clarridge）思索这个问题的时候，把目标放在了牙刷身上，这个名为 Squeeze 的牙刷，牙刷手柄部分的缝隙，类似于一个可以用力夹紧的工具——钳子，有了这样的特别的工具，可以把牙膏管里剩余的牙膏都挤出来。改变牙膏包装是一种设计方法，但改变牙刷则是创意思维的一次突破。换位思考换来的不仅是好的设计想法，还有对使用者行为的改变，通过牙刷的设计，改变了浪费牙膏的行为。

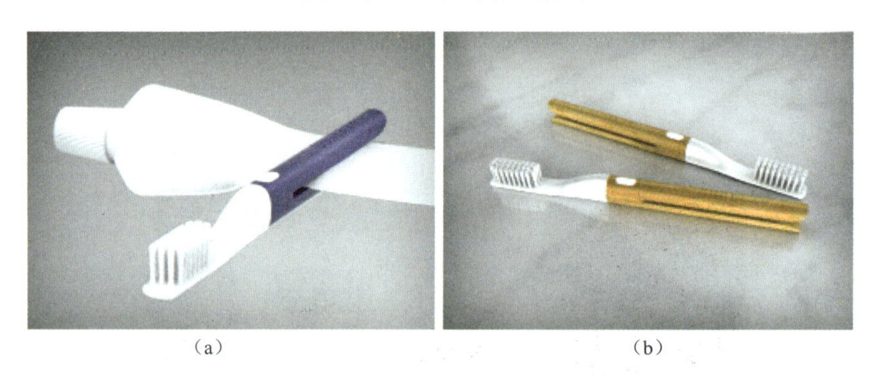

（a）　（b）

图 5-32　牙刷设计

通过好的设计为各类人服务是设计师的共识。在公共场合，尤其是卫生间，洗手是一个很重要的行为，烘手机可以快速处理掉手上的水，但市场上的烘手机多数不能满足残疾人，甚至小孩的使用需求，韩国设计师 Hyunsu Park 设计的坐在轮椅上也能使用的通用烘手机解决了这个问题，如图 5-33 所示。从外形上看，这款烘手机干净简洁，富有现代感。功能上，其上下两端都可以出风，热风沿着方框循环，安装高度自然也可以降低，上端为成人使用，下端为儿童和残疾人使用，满足了更多人的使用需求。每次使用只有一侧出风工作的设计，并不会加大电量的消耗。颜色选择了白色也增加了使用者对产品的信赖感。

如图 5-34 所示，COWA ROBOT 的智能拉杆箱支持自主跟随与智能避障两项机器人技术，让需要拖拉的旅行箱拥有了自动跟随功能。箱体采用一体成型的铝框，无缝闭合，前盖可以一键开启，质量达 4.5 千克。内置的可拆除电池能支持约 20 千米的行程，甚至还能充当移动电源来给其他电子产品充电。内部采用双层架构的箱体设计了层叠错落的功能内袋，将平面空间三维化。体感拉杆能够精确感知使用需求，智能跟随与手动模式可自由切换。其内置的 GPS 模块在智能跟随模式下，当距离超过 1.5 米时，随身装置会发出振动提醒。而在 50 米范围内，箱子还能主动搜索使用者的方位，自动回到使用者身边。其使用的电子一体锁，可通过手机开锁，也可感知使用者的距离智能上锁。当手机或者行李箱没电时，还可通过传统密码盘操作解锁。COWA ROBOT 提供的手机 App，可查看质量、电量和上锁状态等信息，还可根据使用者所在场景选择安全模式（在信任环境下关闭报警系统）、睡眠模式（登机时使用）和智能跟随模式。

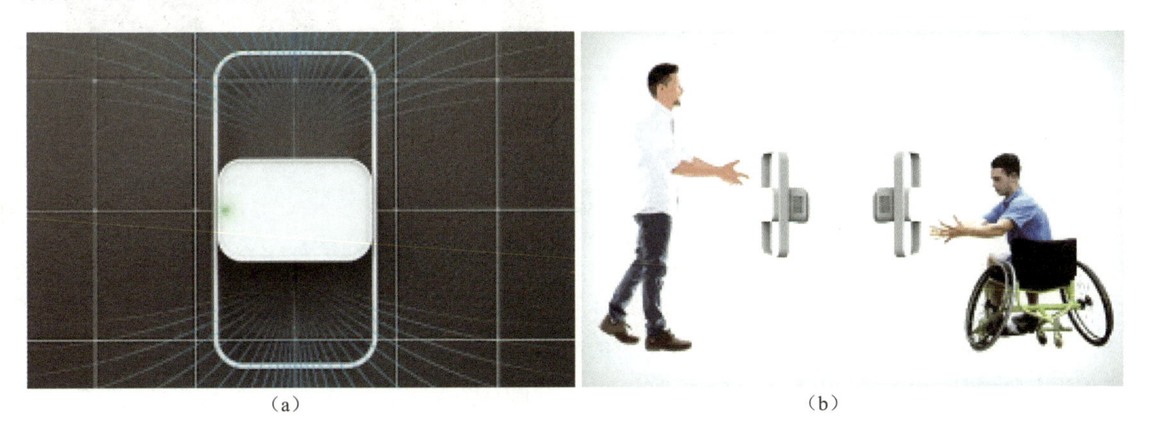

（a）　（b）

图 5-33　通用烘手器

图 5-34　智能拉杆箱

随着手机、平板电脑、蓝牙耳机等电子设备的增多，充电用的连接线也随之增多，无线充电成为使用者的需求之一，尽管理论上无线充电本身也会有自己的线，但从收纳整理的角度仍是不错的选择。如图 5-35 所示，英国伦敦的 Blond 设计工作室设计的名为 Duo 的无线感应充电设备简洁而富有理性，圆柱形的黑白两色小型蓝牙音响与椭圆形的大理石充电底托组合在一起，给人一种永恒的、静止的美感，看上去就像一个值得回味的艺术品。底部磨砂的设计防滑耐磨，既保护了桌面，也防止充电设备本身的滑落。功能上内置的蓝牙音箱，可通过蓝牙与智能手机相连，进行音频播放。最主要的是当手机等电子设备放到无线充电托上后，便开始充电，而音响还可以单独拆下来使用，最大限度地满足了生活中对音频的需求。

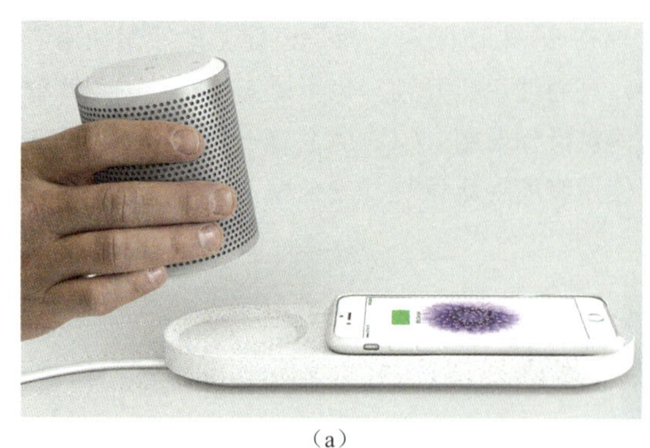

(a)

(b)

图 5-35　无线感应充电设备

尽管现在倡导无纸化办公的环保理念，但打印机仍是办公室必备的设备之一，纸质材料在传阅、批改等方面还有着电子版无法比拟的生理体验，因此很多时候不同部门、不同职工同时下达打印任务是不可避免的，传统的打印机面对这样的问题，会出现不同资料堆积在一起很难分类、影响工作效率的情况。如图 5-36 所示，韩国设计师 In Young Jo & n Young Joo 设计的壁挂式自动分类打印机可有效解决这一问题，与普通打印机相比，壁挂式打印机更为节省空间，轨道系统的应用，让打印机智能的将文件分类存放，节约出了传统打印机用于整理、查找文件的时间，通过设计带给使用者舒心的体验。这款概念设计，获得了 2015 年的红点奖。

图 5-36　壁挂式自动分类打印机

五、学生作品

网上可以看到很多自酿葡萄酒的方法介绍，尤其是葡萄成熟的季节，可以看到微信圈、朋友圈常有人展示出自制葡萄酒的照片，但自酿葡萄酒对葡萄成熟度、器皿选择等问题都无法做到严格的约束和检测，较容易滋生细菌，产生不良的化学反应，对健康造成危害。如果通过设计可以解决细菌、温度和时间的监控及酒精度、卫生度的检测等问题，可以帮助部分家庭燃起酿造葡萄酒的兴趣，进而体味劳动过程里付出的艰辛以及等待的期许与品尝的甘醇，尤其是城市化进程的加快让体会繁复家庭劳作的过程变得越来越奢侈。因此，学生围绕市场现有的家庭酿酒装置存在问题进行设计探讨，从温控、酿制时间、接取方式、清洁方式等角度解决相关问题，外观上基本符合现代设计的要求，如图 5-37 所示。

图 5-37　家用酿酒机设计（攀枝花学院 艺术学院学生 郭思雅）

随着经济收入的提高，越来越多的人喜欢旅行，出国旅行成为越来越普遍的现象，但用电这样的小细节却因各国的插座和电压规格标准不同而成为很多人的小麻烦，如何在不同插座标准之间转换，如何在国外更安全地用电，成为走出国门所要面临的问题。据了解，全世界大概有十多种插头与插座的标准。如图 5-38 所示，这款球形的电源转换器，造型设计小巧灵活、抓取方便，炫酷灵动的造型极具亲切感，为旅行爱好者和商务人士解决了穿梭于世界各地时电器插口不兼容的困扰。

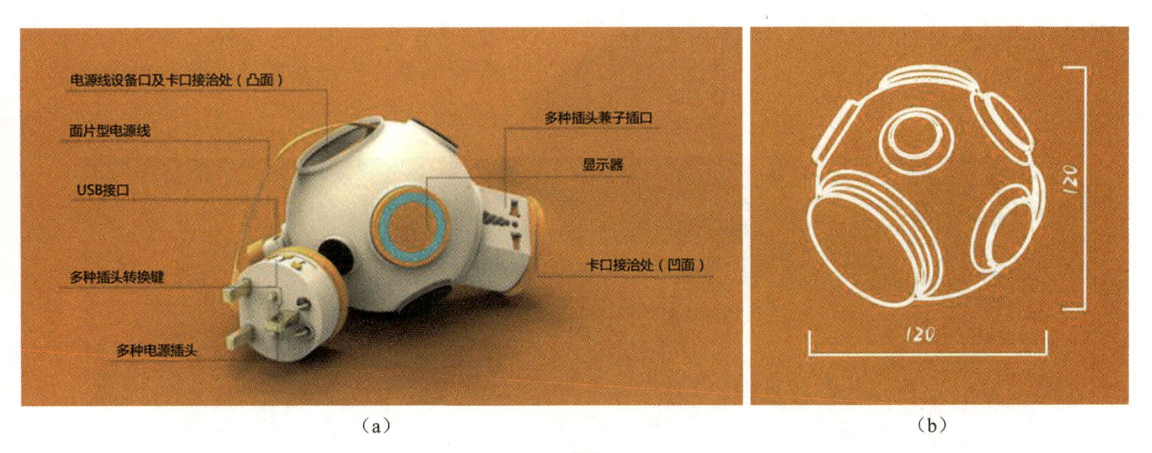

(a)　　(b)

图 5-38　球形电源转换器（攀枝花学院 艺术学院学生 黄甦风）

日常生活中常见的食物保鲜罩如雨伞般开合收纳，使用中主要起到隔尘、隔蝇的作用，造型简单、功能单一，略显低廉，进而无法融入现代餐饮环境之中。如图 5-39 所示，这款智能食物保鲜罩可以起到保温的作用，移动方便，辅助完善了冰箱只能制冷而不能制暖的功能，可以避免烹饪好的食物因为等待过久而冷却，甚至影响食物的口感。外观设计上借鉴了传统食物保鲜罩的伞状造型，易于从形态上与使用者建立认知同感，显示面板可以调节保鲜罩里的空间温度，透明的设计具有可视性，提升了产品的信任感。

图 5-39　智能食物保鲜罩（攀枝花学院 艺术学院学生 吴博茹）

如图 5-40 所示，这款设计旨在利用磁悬浮的方式通过紫外线对牙刷进行全方位的消毒，进而更好地为口腔健康提供保护。产品造型简约小巧，具有科技感，对家居环境起到了美化和装饰作用，改善了传统消毒设备体型巨大、占用空间较多、造型丑陋的情况。功能上，这款产品通过紫外线对牙刷的照射使病毒、细菌丧失生存能力和繁殖力，起到消毒杀菌的作用。磁悬浮技术的应用使牙刷悬浮于空中并进行自转，避免了与其他物品接触而产生的二次污染。另外，这款产品还可以对家庭中的毛巾、首饰、化妆工具、婴幼儿衣物等小件物品进行灭菌消毒，是家中保障健康安全的小卫士。

图 5-40　磁悬浮消毒牙刷（攀枝花学院 艺术学院学生 张茂）

参考文献

[1] 尹定邦. 设计学概论 [M]. 长沙：湖南科学技术出版社，2009.
[2] 王建华，刘春媛. 产品设计基础 [M]. 北京：电子工业出版社，2014.
[3] 刘吉昆. 工业设计概论 [M]. 北京：中国轻工业出版社，1993.
[4] 黄强苓. 工业设计基础 [M]. 沈阳：辽宁美术出版社，2014.
[5] 何人可. 工业设计史 [M]. 3 版. 北京：高等教育出版社，2004.
[6] 王晨升. 工业设计史 [M]. 上海：上海人民美术出版社，2012.
[7] 张威媛. 论艺术与设计的辩证关系 [D]. 天津：天津美术学院，2007.
[8] 耿兴隆. 工业设计史 [M]. 西安：西安交通大学出版社，2015.
[9] 王受之. 世界现代设计史 [M]. 北京：中国青年出版社，2002.
[10] 王雅儒. 工业设计史 [M]. 北京：中国建筑工业出版社，2005.
[11] 王淑旺. 基于回收元的回收设计方法研究 [D]. 合肥：合肥工业大学，2004.
[12] 熊文丽. 自然、社会环境因素对产品设计的影响 [J]. 艺术科技，2013（2）：154-156.
[13] 熊小玲. 基于产品语义学的竹编产品设计实践与研究 [D]. 北京：中国美术学院，2014.
[14] 姚善良. 设计管理 [D]. 武汉：武汉理工大学，2002.
[15] 李普红. 设计管理与产品创新 [D]. 济南：山东大学，2005.
[16] 董佳丽. 面向中国家用市场的电动工具的工业设计要素与实践方法研究 [D]. 苏州：苏州大学，2007.
[17] 周莉. 关于人机工程学在包装设计中的应用研究 [D]. 苏州：苏州大学，2008.
[18] 郭方园. 产品设计在语境中的功能求解 [D]. 大连：大连工业大学，2013.
[19] 阿拉丁照明网. 华丽的“太阳树”LED 户外景观灯，LED 网，2014.
[20] 吴佩平，章俊杰. 产品设计程序与方法 [M]. 北京：中国建筑工业出版社，2013.
[21] 吴佩平，傅晓云. 产品设计程序 [M]. 北京：高等教育出版社，2009.
[22] 侯可心. 产品设计程序与方法 [M]. 合肥：合肥工业大学出版社，2014.
[23] 袁自龙. 产品设计方法 [M]. 南京：江苏凤凰美术出版社，2014.
[24] 张展. 产品改良设计 [M]. 上海：上海画报出版社，2006.
[25] 代菊英. 产品设计中的仿生方法与研究 [D]. 南京：南京航空航天大学，2007.
[26] 桂元龙，杨淳. 产品设计 [M]. 北京：中国轻工业出版社，2013.
[27] 张展，王虹. 产品设计 [M]. 上海：上海人民美术出版社，2002.
[28] BATESON P. Design development and decisions[J]. Stud Hist Phil Biol& Biomed Sci，2001（4）：635-646.
[29] 张显奎，朱磊. 一种造型设计方法 UFF 及其应用 [J]. 哈尔滨工业大学学报，2007（7）：1059-1061.
[30] 磨炼. 基于生活形态的产品设计方法研究 [J]. 机械设计，2013（7）：127-128.
[31] 简召全，冯明，朱崇贤. 工业设计方法学 [M]. 北京：北京理工大学出版社，2002.
[32] 王文杰，李纶. 基于功能论的 3G 手机设计特点研究 [J]. 陕西科技大学学报，2010（3）：155-159.

[33] 张佳，等. 功能论在产品设计中的应用 [J]．机电产品开发与创新，2005（1）：63-65.

[34] [美]J・P・吉尔福德. 创造性才能 [M]. 施良方，沈剑平，唐晓杰，译. 北京：人民教育出版社，2006.

[35] 吴婷，杨涛. 基于功能技术矩阵的概念产品设计方法探索 [J]. 海峡科学，2012（12）：20-22.

[36] 吕超. 虚拟现实技术在艺术设计中的应用研究 [J]. 小作家选刊，2015（14）.

[37] 李付庆. 消费者行为学 [M]. 北京：清华大学出版社，2011.

[38] 罗天龙，孙克豪. 虚拟设计与网络化制造研究综述 [J]. 机械制造，2004（7）：29-32.

[39] 梁梅. 信息时代的设计 [M]. 南京：东南大学出版社，2003.

[40] 柳冠中. 走中国当代工业设计之路 [M]. 长沙：湖南科学技术出版社，2004.

[41] 程静，王明治. 材料的表情 [J]. 包装工程，2005（6）：165-167.